段ボールはたからもの

偶然のアップサイクル

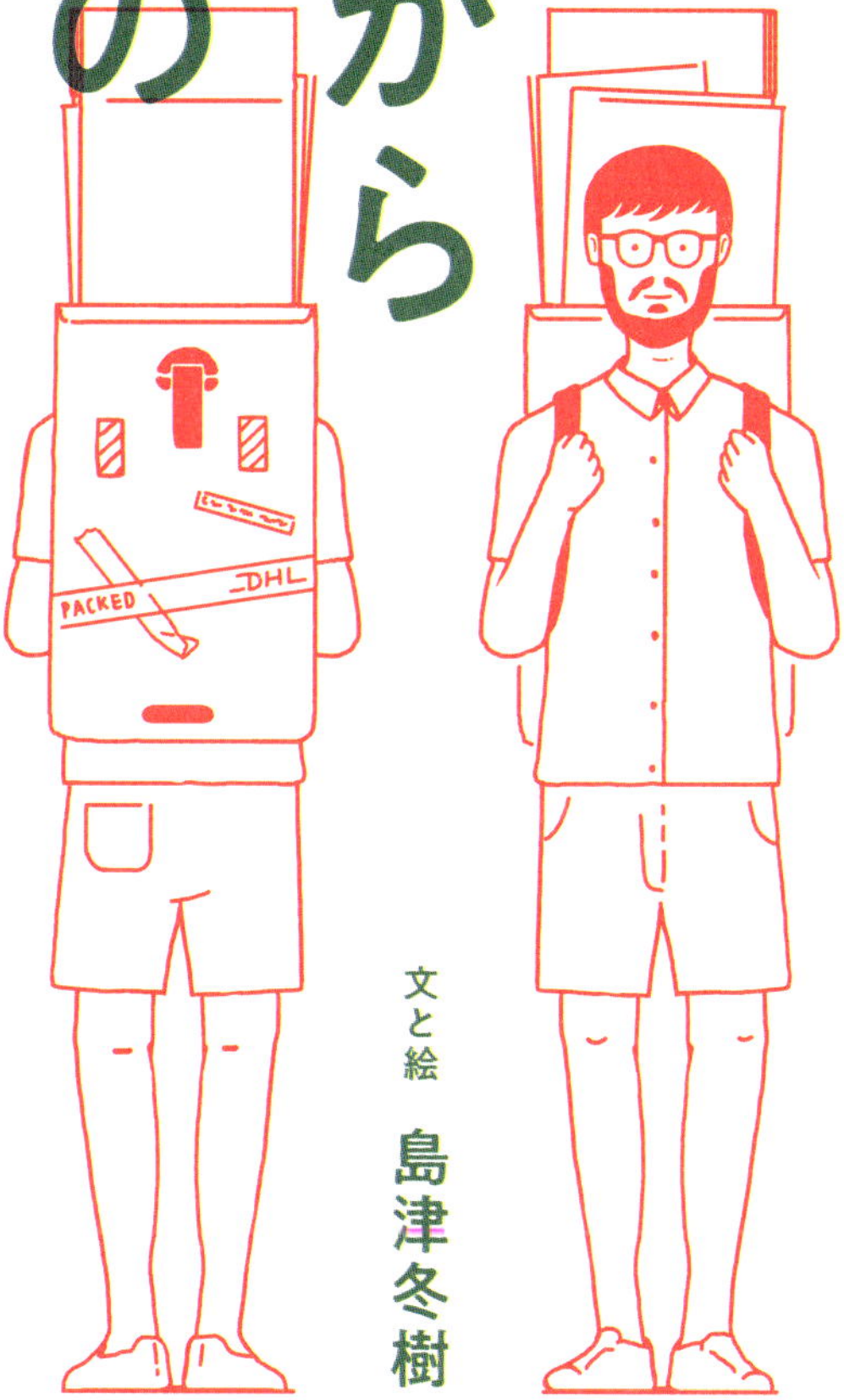

文と絵
島津冬樹

柏書房

©PHOTO BY RYUSUKE OKAJIMA

段ボールを拾って9年

世界には段ボールと
関係しない人はほとんどいません。
たとえば、僕が拾う段ボールの中で
約7割は食品に関係する段ボールです。
海外の段ボールが日本で手に入るのは
輸入食材のおかげです。
段ボールは世界の流通経済や
文化を反映しています。
9年間、さまざまな国で
僕はダンボールを拾ってきました。
本書はその冒険の記録です。

不要なものから大切なものへ

捨てられた段ボール
（エルサレム旧市街にて・イスラエル 2015）

段ボール財布

東京・国立新美術館（Souvenir From Tokyo）やオーストラリアのセレクトショップなどでも販売されていて、Cartonの通販サイトでは常に売り切れが続くほど人気となっている。

世界に広がる活動へ

上海Play! No, Waste!展のトークイベント。急速な経済発展により環境問題の解決が急務となっている中国の若者の間で人気のアーティストとなった。©PHOTO BY RYUSUKE OKAJIMA

世界各地でワークショップを実施。本人の思惑をも超えて、ものに新しい価値を見出す「アップサイクル」として、世界中から熱い視線を集めている。

はじめに

Introduction

段ボールをもらって生活をしています。

道端に捨てられた段ボールを拾ったり、市場に行ってお願いして生活をしています。僕は、段ボールピッカー。日本語で言うと、「段ボール拾い」です。もちろん、拾うだけでは生活できません。「Carton」というプロジェクトを立ち上げ、主に段ボール財布を作って売っています（段ボールアーティストと呼ばれることもありますが、自分でアーティストを名乗るのはおこがましいと思っています）。「段ボールをもらう生活」という言葉からあなたが想像したものとは、ちょっと違ったかもしれません。

ご存知の通り、今の世の中、段ボールはほとんどがリサイクルされます。日本では95％ほどの段ボールはリサイクルシステムによって新しい段ボールへと生まれ変わるのです。段ボールはアルミ缶などと並ぶ、とても優れたリサイクル資源。その完成されたシステムの中で、段ボールそのものより価値あるものが作れると、世界はちょっとだけ良くなるんじゃないかな、というのが僕の勝手な思い込みです。僕は段ボールを普通の人より好きなので、僕が感じてるような段ボールの価値をみんなに上手く伝えられたら、段ボールに段ボール以上の価値を作れるんじゃないかなと思っています。とにかく、好きなんです。段ボールが。とても。

僕がどうして段ボール財布を作るようになったのか。それは本当に偶然としか言いようがありません。美大に通う大学2年生のある日、ずっと使っていた財布が壊れました。お金が無かったので、新しい財布をすぐに買うのも何だか気が乗りませんでした。そこで、手近にあった段ボールを使い、美大生ならではの工作能力で、間に合わせの財布を作ってみたのです。これが意外と丈夫で長持ち、使いやすい。その段ボール財布第一号を大学の同級生に見せると、褒めてくれる人がいました(気は確かかと心配してくる人もいました)。ちょっと恥ずかしいものだと思っていたけれど、想像以上に褒められるのです。それまでも美大でいろんな作品を作ったりしていたのですが、それよりも何だかリアクションがいい。自分だけのために作っていた段ボール財布だったのですが、ほしいといってくれる人が増えて、「Carton」というひとつのプロジェクトが出来上がりました。段ボールでものを作ることが、僕の生活の一部になったのです。リサイクルに関心があったとかそういうことではまったくありませんでした。人から喜ばれるものを作りたい。その手段が僕にとっては段ボールだったのです。

大学を卒業した後は広告代理店に勤めることに。就職の面接でひたすらに段ボールへの熱意を語る僕を採用してくれた会社です。アートディレクターという職種で、広告やパッケージのビジュアルアイデアを考えたり、デザインをしたりするのが僕の仕事でした。その仕事の合間に段ボール財布をコツコツと作りながら生活していましたが、やっぱり段ボール一本(一箱?)で生きていくことを決意して会社を辞めました。「段ボールで生きていく」――その計画を人に話すたびに、たくさん心配されたけれど、今もなんとか生きています。

それからの僕の人生は、段ボールが中心になりました。段ボールと向き合う時間がぐっと増えたのです。それは僕にとってはこの上なく幸福な変化でした。段ボールに同じものは二つとありません。それぞれの段ボールにストーリーがあります。そのストーリーを想像する時間が、一番幸せな時間です。そのとき段ボールは僕にとって、どんな小説よりも面白い読み物になります。サハラ砂漠の砂に埋もれていた段ボールも、ニューヨークの街角にある段ボールも、どちらも同じくらい僕にとっては面白い。その段ボールが、どこから来たのか。どんな人に運ばれたのか。ちょっとした書き込みや汚れが想像力を刺激します。もっともっと段ボールに出合いたい。いつか、世界中の段ボールを家の中に並べたいというのが僕の夢です。

僕は小さい頃から今でも収集癖があって段ボール以外にもいろんなものを集めながら生きてきました。海外のホテルのWi-Fiパスワードがメモされた紙だとか、海外のホームセンターで買うボンドなど、そこでしか入手できないもの、一回きりのものが僕のお気に入りです。段ボールも、財布の素材としての利用もあるのですが、純粋なコレクションとして拾ったものもたくさんあります。

段ボールが好きで、段ボールを仕事にする。本当に好きなことをやってきただけなのですが、この活動が世の中にとって良いことだと捉えてくれる人が現れてきました。リサイクルの輪からはみ出して、もとよりも価値のあるものにしてみようというチャレンジ。それを「アップサイクル」と呼ぶらしいのです（P12参照）。サイクルが上に行くということです。大変ですけど、やりがいはありそうです。アメリカやヨーロッパで、そうしたリサイクル以上に価値を高めて使うという取り組みが広がっているそうです。ただ、僕はこのことを教えられるまで意識していませんでした。僕はただの段ボール好きで、好きなものを作っていただけなので。そうした流れの中にいるということは、偶然のようなものでした。

段ボールを求めて街を歩くと、路地に入ったり、市場やスーパー、ホームセンターに行ったり、なかなか観光とは違う場所に入り浸ることになります。アメリカ、アジア、アフリカ、ヨーロッパ。世界中のいろんな国に段ボールを求めて旅をしました。段ボールには、それぞれの国のリアルがあるような気がします。その旅で見えてきたことも、この本にたくさん書いてみました。

海外で市場の人に「段ボールをください」と言うと不思議な顔をされます。日本人が段ボールを求めて自分の国に旅をして来ることは、理解の範囲を超えていることのようです。しかも僕は段ボールに込められたストーリーを大事にしたいので、僕がほしがる段ボールは決して新品ではない。新品では意味がないとすら思っているくらいです。なぜこの日本人は拙い英語でこのボロボロの段ボールを求めてくるのか。そう思われているのを感じます。

新品の段ボールではなく、その箱に書かれた手書きのメモやどこかにぶつけたへこみ、雨に濡れた跡などが、僕の想像を掻き立てる。だから僕はこの段ボールがほしいんだ。その想いを理路整然と伝えるのは難しく、いつも情熱だけで段ボールをもらうことになります。海外の人が使い古しの段ボールをほしがる僕を不思議に思うのも無理はありません。でも、使い古しの段ボールのように、みんながいらないと思っているものを、みんながほしいものにすることが出来たら、素敵だなと思います。

ひょっとしたら、僕らが楽しく生きるために必要なものは既にこの世界に全部あるのかもしれません。世の中にはたくさんのものがあって、それを組み合わせればもっと良くなるんじゃないかなと。段ボールで一山当てようというつもりはなく(そこに大きな山はなさそうです)。大儲けすることも、大損することもなく(あまり元手はかからないので)、好きなものと向き合う幸せを噛み締めながら、段ボールとしぶとく生きています。これからもそうして生きていくのだと思います。

みんながいらないと思っているもので、自分が大切に思えるものがあるということは、とても幸せなことかもしれません。街の中にあっても、目を止められることのない段ボール。その段ボールを探求してきたからこそ見えてきた世界がここにあります。段ボールを求めて旅をした記録。段ボールを集めながら考えたこと。世界はどのように違うのか、世界はどのように同じなのか。段ボールは何を教えてくれるのか。この本を読み終えた時、段ボールを見る目が変わっていると嬉しいです。そして、僕にとっての段ボールのように、あなたにとっての何か大切なものが見つかると嬉しいです。

島津冬樹

アップサイクルって何でしょう？

What is upcycle?

段ボールを財布にする活動を続けていく中で自分の活動が「アップサイクル」と呼ばれることが増えてきました。聞き慣れない言葉、アップサイクルとは何なのでしょうか。自分でもよくわからないのですこし調べてみました。

アップサイクルは、クリエイティブ・リユース（創造的再利用）とも言われる概念で、その発祥はドイツ。１９９８年に出版された、ベルギー人の起業家グンター・パウリさんの著書で提唱されたのが最初だと言われています。リサイクルという仕組みの限界を超え、価値を高めることをアップサイクルと呼ぶようです。整理すると次のように分類できます。

- リサイクル：回収された資源を再びその同等の素材に生まれ変わらせること
- ダウンサイクル：再生紙など、元の素材よりも質を落とした製品となるもの
- アップサイクル：元の製品よりも次元・価値の高い製品に作り変えること

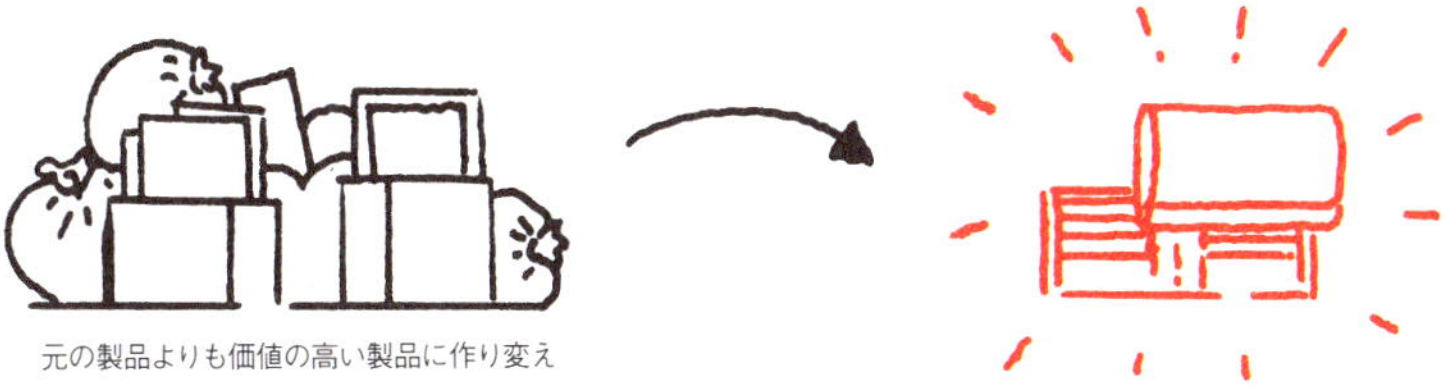

元の製品よりも価値の高い製品に作り変える。ゴミが宝の山になる可能性を秘めている。

たとえば、日本でもよく見かけるスイスのブランドFREITAG（フライターグ）はアップサイクルの代表選手と言えそうです。トラックの幌布、自動車のシートベルト、自転車のチューブなどを用いた、実用的でデザイン性が高いバッグは、日本でも人気があります。

アップサイクルは日本ではまだ馴染みのない言葉かもしれません。建物のリノベーションなど、アップサイクルと言えるものも「再利用」という言葉に広く含められているのかもしれません。

一方で、日本でも、廃棄される消防服を使ったバッグで海外からも注目されているMODECOというブランドや、廃材などのストーリーや背景を生かしたもの作りを展開するアップサイクルブランドNEWSEDなどがあります。ファッションの世界では現代的な手法としてさまざまなデザイナーが積極的にアップサイクルに取り組んでいるようです。

僕の段ボール財布活動は言うなれば偶然のアップサイクルですが、段ボールでもアップサイクルは可能なのだと思います。

段ボール財布の作り方

工作前にカッターマットなどを敷いて机が傷つかないようにしてください。
作り方はシンプルだけど奥が深いです。

[制作時間]

45分

[使う道具]

- 木工用ボンド
- はさみ
- 定規
- カッター
- カッターマット
- クリップ

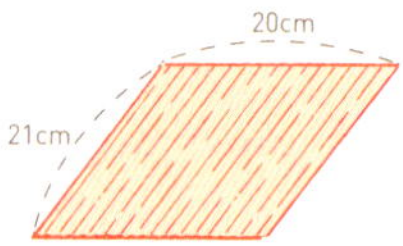

1

段ボールを図のサイズに切る。切り出したら上の紙だけをはがした状態にしておく。

⚠ 段々が見える方は20cm
段々が見えない方は21cm
段ボールの向きに注意!

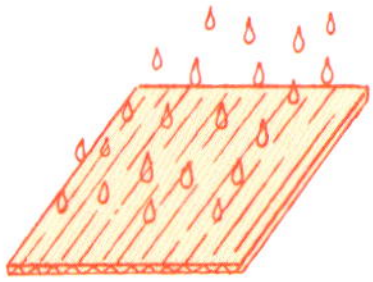

2

ウラにした状態で、水をまんべんなくふりかける。

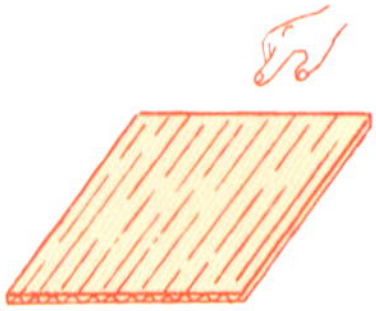

3

濡れた状態で指で段ボールを押し当て、色が濃い茶色になるまでなじませていく。

4

十分に馴染んだら上の紙だけをはがす。

⚠ 段々は残す。段ボールの段々ははがさないように注意!

5

片面の段ボールになったら乾かして、指で潰しておく。

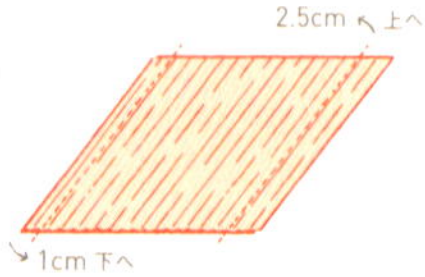

6

縦横は変えずに、左端を1cm下に折り込み、右端を2.5cm上に向かって折る。

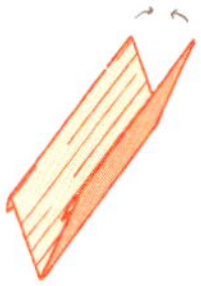

7

両端が折れた状態のまま、
縦に半分に折る。

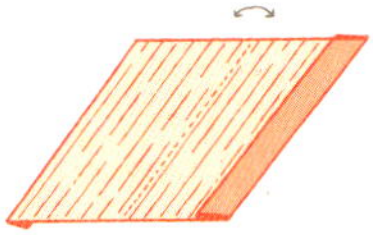

8

中心に折り目がついたら
いったん開く。

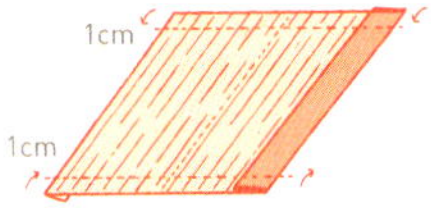

9

次に上下の端を1cm内側に
折り込む。折り目がついたら
開いておく。

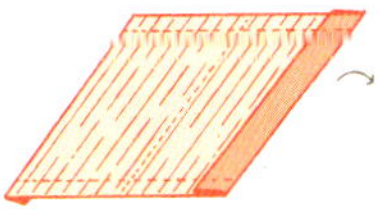

10

2.5cm折った右端を
いったん開く。

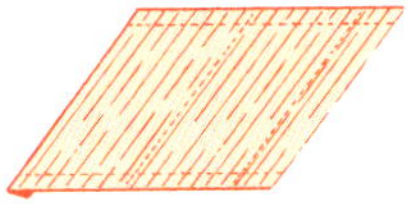

11

折り目が図のようにつく。

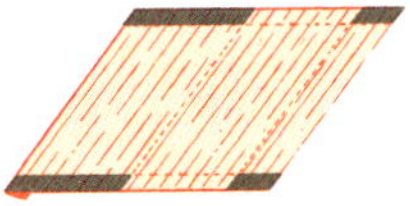

12

線に合わせてグレーの部分を
カットする。

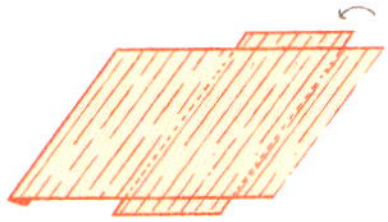

13

折り目に合わせて図のように
切っていく。切れたら右端を
折り目に合わせて元に戻す。

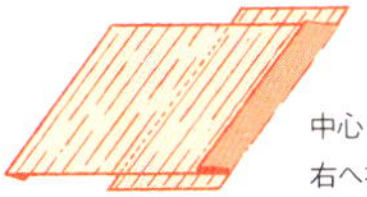

中心を境に、
右へ折る。

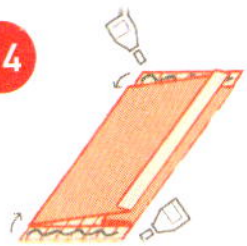

14

上下端を中心に向かって折り、
ボンドをつける。

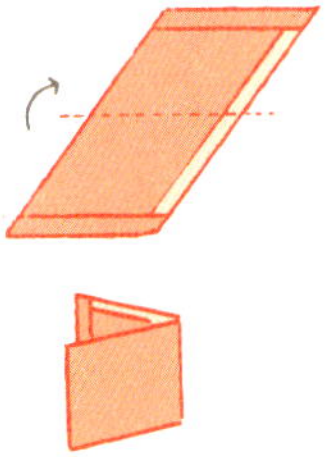

15

中心を境に図のように
折ったら完成。

［発　展］

ウラに図のような切り込みを入れて、カード入れを作ることが出来る。切り込みはカッターで入れる。オモテも一緒に切らないよう、間にカッターマットを敷く。

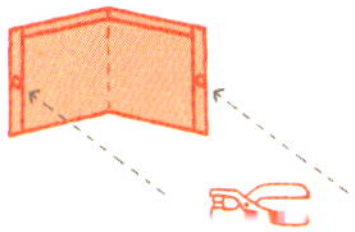

⑭の上下端にボンドをつける直前に、ホームセンターなどで買えるスナップボタンの留め具でボタンをつければ、財布をボタンで閉じられる。

もくじ
Contents

旅の準備

Preparing for a trip

旅のルール

段ボールを拾う旅は普通の旅とすこし違います。もし段ボール拾いの旅をしてみたい（と思う方がいるかわかりませんが）人は、僕の経験を参考にしてください。

［日数］…7～10日が望ましいです。段ボールを日本に持って帰れる個数は限られるので、たくさん拾っても持ち帰ることができなければ意味がありません。周遊する場合は1カ国あたり3日が限度です。

［拠点］…まずは宿泊施設を決めます。そして段ボールを拾っては部屋に持ち帰り、溜めます。たくさんの段ボールを持っての行動はとても大変なので、できるだけ一都市を集中的に探します。ホテルよりアパートタイプへの滞在がおすすめです。毎日段ボールを抱えてホテルに帰っていたらフロント業務の人に怪しまれます。

［訪ねる国の選び方］…次はどこの国の段ボールを探しにいこうか。この時間が最も楽しく想像の膨らむ時間です。その基準は時期によってテーマが変化します。たとえば、文字がテーマであれば、言語が特異で面白い国を候補地に選びます。

［出入国管理（イミグレーション）］…段ボールを大きなカバンに持ち歩いていると空港で目をつけられます。こういうアート活動で、こういうコンセプトでと拙い英語で話すと話が長くなり、怪しまれて拘束されてしまうことも（P96参照）。そんな時はこれは緩衝材だと主張すれば検査官は段ボールを掻き分けその奥にあるものを見てくれます。当然服や日用品しか入ってないので、無事に解放されます。

［段ボールを持ち帰る］…「現地で財布を作らないのですか？」「財布に必要な部分だけカットして持ち帰れば？」「国際便で送ったら？」と聞かれることがあります。チェコでは現地で財布作りをしましたが（P104参照）、やはり現地では収集に集中したいという欲が強く、他の国ではしていません。段ボールの別送は、ロストするのが怖くて出来ません。

［段ボールの撮影］…ほしい段ボールを見つけると、所持している人に交渉するのですが、どうしても譲ってくれないことが多々あります。そういう場合は、記念に写真に残しています。約5000枚撮り溜めてあります。

段ボールの魅力

そもそも僕は段ボールのどんなところに魅力を感じるのか。これはあくまでも僕が段ボールに宛てたラブレターのようなものなので、すでに「段ボール大好き！　愛してる！」という方は（いないと思いますが）次の章に進んでくださっても大丈夫です。

レトロな味わい

段ボールの魅力を決めているのは、とにもかくにもまず箱の文字やイラストのデザイン。日本で流通している段ボールの多くは10～20年前にデザインされたもの。どこかレトロさを感じるのは、実際に昔のデザインだから。時間の経過に負けないデザインが残っていると言ったら褒めすぎでしょうか。

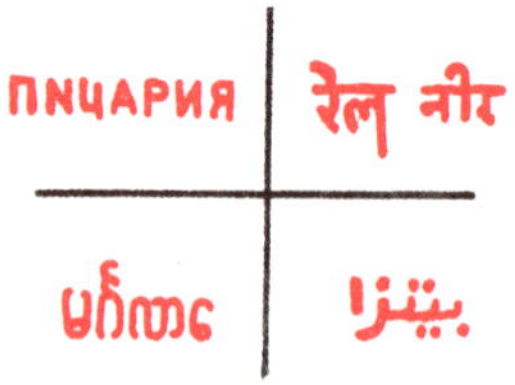

その場所ならではのご当地性

段ボールには、土地の記憶が刻まれています。たとえば、段ボールのおよそ7割は食品に関係しています。日本でも、世界でも、地域の特産品があれば、それを運ぶための段ボールがあるのです。それぞれの国の文字など、その国、その町ならではの段ボールを見つける楽しさがあります。

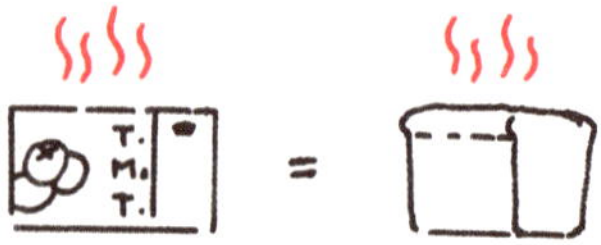

幸せな香り

焼きたてのパンの香りを嗅ぐと人は幸福を感じる物質が脳から出ると聞いたことがあります。段ボール独特の古紙の匂いはどこか香ばしく、焼きたてのパンにも似たいい香りがします。段ボールを接着するのりはコーンスターチを使っているので、とても自然な香りです。

たとえば僕のお気に入りのひとつは、カリフォルニアのサンタモニカビーチで拾った段ボール（P29参照）。道端で絵や彫刻を売るアーティストがたくさんいるビーチの路上で、のんびり楽しそうに絵を描くペインターたちが、パレットに段ボールを使っていたのです。そして夕暮れのビーチを歩くと、絵の具が塗りつけられた段ボールパレットが捨てられていました。まさに、そこでしか手に入らない段ボール。こうしたものを僕は求めています。

これらが僕が段ボールを愛する理由です。もうひとつ加えるなら、「段ボール」という名前そのものもかなり好きです。素朴で力強い響き。漢字とカタカナの無骨な組み合わせ。段ボ

人から人に届けられる物語

段ボールは遠い地域、遠い国から運ばれてやってきます。いろいろな人の手書きの文字や、シール、ちょっとした傷や水滴の跡を見て、どんな旅をしてきたかを想像します。考古学者が石を見て恐竜が走り回る様子を想像するように、使い古された段ボールを見て僕は夢を膨らませます。段ボールの空き箱にも、いろいろな物語がつまっているのです。

人肌にも似た温かさ

冬の夜、寒くて段ボールをお腹に当てて自転車で帰ったことがあるのですが、その時の温かさはとても心地よく、今も忘れられません。空気の層を中に含んだ段ボールの構造は、熱を遮断するように出来ています。段ボールのもつ人肌にも似たちょうどいい温かさは段ボールの魅力と言えます。

ールと口にするたびに、ちょっと幸せになるのです。

資源ゴミ、という名前の通り、段ボールは資源です。世界各地から、人がたくさん住む都会に集まる資源です。その資源に、素材以上の価値を持たせる鍵は、やはりストーリーなんだと思います。自分にとって気に入るストーリーがあれば、石ころだってたからものになります。路地を歩く。ふらふらと歩く。そして段ボールを拾う。知らない国の知らない街で、観光地ではない市場、スーパー、ホームセンターに足を運ぶのはそこにしかない新しいストーリーとの出合いがあるからです。二度とは出合えないかもしれないものを僕は探しています。

段ボールを求めて空を飛び、飛行機が降下を始め郊外の町の風景に吸い込まれる瞬間、頭の中に想像が広がります。どんな人々が暮らし、何を作って、何を食べて、どんな顔をして笑っているのか。どんな段ボールが僕を待っているのか。

では、いよいよ、段ボールを巡る旅の始まりです。

相棒のキャリーケース「PROTEX　CR-7000」(右)。この中に段ボールを入れます。大型で荷物を積んでも半分以上空きを作れます。

夢中の大学生活

2010-2012

アメリカ合衆国 ─ 2010 AUTUMN ニューヨーク

段ボール発祥の国でたからものの発見

段ボール箱が生まれた国、アメリカ（P70参照）。近年中国に抜かれるまでずっと世界で最も段ボールを作り、段ボールを消費し続けてきた国です。消費があるところに段ボールはある。世界中から箱が集まり、世界中に箱を届ける。まさに段ボールの国です。そして、僕の初めての海外旅行は、アメリカでした。

当時は大学2年生。既に段ボール財布を使ってはいたものの、将来海外で段ボールを集め続けることになるとはまだ考えていませんでした。ただひたすらに、おしゃれなもの、有名なものを見たい。自由の女神像やエンパイア・ステート・ビルを見て、「うわー映画で見たことあるやつだ！」と言ってみたい。段ボール以上に軽い気持ちの旅行者でした。

そんな僕を、アメリカが変えてくれたのです。日本の段ボールしか知らなかった僕に、段ボールの世界は僕が思っているよりずっと広いと気づかせてくれました。何も知らなかったあの頃に、当時世界一の段ボール大国であるアメリカに行けたことは、今思えば必然だったのかもしれません。

しかし、海外の段ボールの魅力にはまったく気づいていませんでした。初日の夜までは。

成田空港を飛び立ち、目指した街はニューヨーク。着陸の直前に窓から見える夜景は日本では見たことのないきらめきを感じました。

ジョン・F・ケネディ国際空港に着いたのは深夜、長い長い入国手続きを乗り越え、イエローキャブでマンハッタンへ。

ハイウェイを走りマンハッタンに近づく車窓から見えてくる景色には、日本にはない形のビルがたくさん建っています。細長いビルだったり、薄いビルだったり、それがとんでもない高層建築になっている。日本の建築とは自由度が違う気がしました。この国は自由だ、という気がしました。

日本のようにネオンや照明付きの看板はほとんどなく、電車が走っているわけでもないので夜の闇が深く感じられました。その暗闇の中にビルが立ち並んでいる。ガラス張りの建物。大きなガラス張りの窓は光を放ち、遠くからでも人が中にいるのがわかります。このすべてのビルの中に人がいるということを実感すると、どこか不思議な怖さを感じました。走っている車も違う。アメリカ人がいっぱいだ。ここは日本とまったく違う。ここでは僕が外国人。そう思いながら空腹を感じていました。

マンハッタンの片隅にあるおんぼろホテルにチェックイン。お腹は減っていたけれど、ニューヨークという街に対して警戒心を持っていたことと、そもそも英語が話せないので、レストランはやめてホテル近くのスーパーに行きました。スーパーならメニューを注文する必要がありませんから安心です。

そこで出合ったのです。僕の人生を変えるメイド・イン・USAの段ボールに。

日本とはまったくテイストの違う色彩のデザイン。スーパーのあちらこちらにたくさん積み上げられています。日本よりも大ぶりに感じられるサイズ感は迫力たっぷり。ボール紙の茶色は日本よりも濃く、印刷されたデザインは鮮やかに輝いて見えました。野菜の段ボールのロゴはかなりしっかりと作り込まれ、少しざらついていてボソッとした手触りが手にとても馴染む。これで財布を作れば、絶対にかっこいい財布が作れると思いました。日本で拾う段ボールより、はるかにかっこいい財布が完成する。そんな気持ちになりました。

海外の段ボールって面白い。

その瞬間、自由の女神像もエンパイア・ステート・ビルもどうでもよくなりました。思わずカメラを取り出し、段ボールの写真を撮りまくりました。怒られるかもしれないという気持ちは頭にはなく、すっかり夢中でした。スーパーの商品ではなく、海外にも段ボールはあるという当たり前のこと。22歳にして、世界の広さに気づいた瞬間です。

世界中の段ボールを見たい。集めたい。

ニューヨークの片隅で、これまでにない感情が芽生えた時には、空腹はどこかに行ってしまいました。

2010 - 2018

U.S.A.

アメリカ合衆国

世界の段ボールを拾い集める。
その原点はNYにあった。
その後も何回か
アメリカを訪れているが、
段ボールの豊富さに
驚かされる。

目を惹いたクラウンロイヤルというカナディアン・ウィスキーの段ボール。紫色は段ボール全体の中でも色として珍しい。

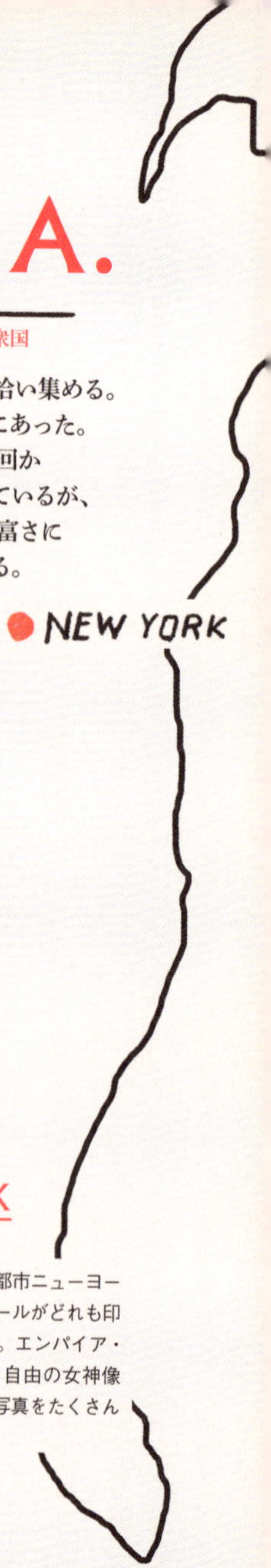

● PITTSBURGH

PITTSBURGH

ピッツバーグ

エースホテルでのワークショップに伴い訪れたピッツバーグ。ワークショップの合間に車で段ボール探しに出かけた。より深くアメリカの段ボールを探すことが出来たのが、楽しかった。

NEW YORK

ニューヨーク

初めて訪れた海外の都市ニューヨーク。ここで見た段ボールがどれも印象的で、圧倒された。エンパイア・ステート・ビルや、自由の女神像よりも。段ボールの写真をたくさん撮って帰ってきた。

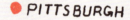

LOS ANGELES

ロサンゼルス

サンタモニカビーチでは絵描きたちが自分たちの絵を路上で販売していた。彼らの使うパレットに段ボールが使われており、偶然塗りたくられたペンキが魅力的だった。

LOS ANGELES

AUSTIN

オースティン

映画『旅するダンボール』のSXSW（サウス・バイ・サウスウエスト）でのプレミアム試写会で訪れたオースティン。テキサスで好まれているローカルビール"LONE STAR"を拾ったことを上映前の登壇で話すと盛り上がった。

"LONE STAR"の段ボール。ローンスターとはテキサスの州旗を表す誇りある言葉。

AUSTIN

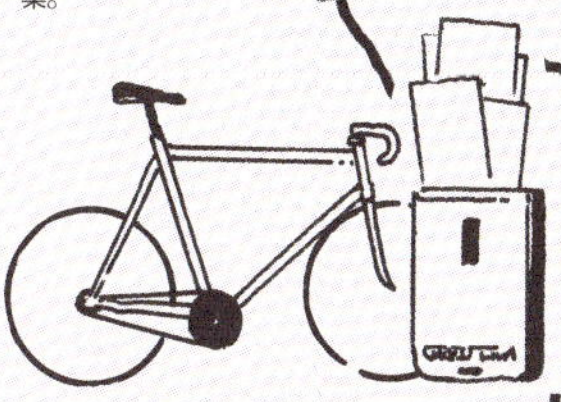

台湾 2010 WINTER 高雄

段ボールにお金が必要だったとは

アメリカでの興奮が忘れられぬまま、大学で段ボール財布の制作を進めていたある日、「高雄デザインフェスティバル」に招待されました。台湾の高雄市で毎年開かれる若手作家による交流を目的としたイベントで、アメリカ、イギリスからも作家が集まります。これは再び海外に行くチャンス。台湾の段ボールが拾えるはず。喜び勇んで台湾へと向かいました。

東京から飛行機で3時間ちょっと、台湾は近い。高雄に着陸する時に小さく港の光が見えました。飛行機から見る街の景色が好きです。綺麗な蛍光のような緑の光。建物や道は見えるけれども人は見えない。でも、そこに人が生活している。想像が膨らむ瞬間です。日本からとても近いけれども、きっと何かが違うはず。そんな期待を胸に、高雄に着きました。

美味しい台湾ビールを高雄で飲みました。ラベルを見ると白地に緑の書体で「台湾啤酒」とあり、中国語表記が新鮮でかっこいい。この段ボールがほしいと思いました。デザインフェスティバルよりも段ボールを拾いたい気持ちの方が強かった僕は、翌日からさっそく段ボールを求めて街を歩きました。古き良き風情を残す高雄の景色は日本の地方都市とあまり変わりませんが、空気が暖かく気持ちいい。路地の散歩がはかどります。すぐに見つけたのは、商店の裏にあった台湾ビールの段ボール。テープの跡など使った跡があり、ラベルのデザインがそのまま段ボールに印字されて、「これはほしい」と思いました。店主に交渉したら、お金を要求されました。

段ボールはタダじゃない。それはちょっとしたカルチャーショックでした。それまでは使い終わった段ボールのことを（僕にとってはたからものですが、多くの人にとっては）ゴミだと思っていたので、そこに金銭が発生するという考えがなかったのです。事実、人に段ボールをくださいと言うと不思議な顔をしながらも無料でくれるのが当たり前で、友達に至っては珍しそうな段ボールが手に入ると何も言わずに僕にくれるようになっていました。それが今、この異国の地でお金を請求されている。それがどんなものであれ、人がほしいというものには値段がつく。太古より続く貨幣経済の原理を突きつけられました。僕はその場に立ち尽くし、段ボールの代金を支払いました。日本円で40円ぐらいだったような気がします。

段ボールを買う。それはゴミではない。素材であり、資源である。だから僕はそれ以上の価値をもたらさなければいけない。市場で魚を仕入れた寿司職人のような気持ちで。無料だからという甘えは許されないのです。時に人は段ボールを買わなくてはいけない。この体験は、その後の僕の段ボール人生における大きな教訓となりました。

そして、デザインフェスティバルへ。そこで僕は驚きました。人生で初めて、モテたんです。男女問わずサインを求められたり、作品を買ってくれたり。段ボールにお金を請求されたことにショックを受けていた僕ですが、台湾という国が大好きになりました。

その時に初めて英語や中国語を喋れないことを悔やみました。なんとなく作品を褒めてくれているのはわかるのですが、具体的にどこを褒められているのかわからない。ひょっとしたら付き合ってくれと言っているのかもしれないし、プロポーズをしているのかもしれないし、財布のデザインを褒めてくれているのかもしれない。ひょっとしたらとんでもなく罵られているのかもしれません。ただ、こんなに知らない人から次々と声をかけられたことがなかったので、海外でも段ボールの面白さは通じるのだと、段ボール活動の自信になりました。

初めて海外に友達ができたのも台湾の良い思い出です。デザインフェスティバルでいろんな人と話をする中で、高雄から少し離れたところにある台南出身のＬＩＮさんがとても親しくしてくれました。

妙に気に入られた僕は、彼の地元の台南に来ないかと誘われ、その押しの強さに負けて行くことになりました。高雄から台南まで電車で1時間ほど。そして台南に着くと原付で街を案内してもらいました。夜は地元の人ばかりの居酒屋に行き、一緒に刺身を食べました。僕は中国語ができないので、ニコニコ笑いながら黙々と食べます。

美味しいことを伝えたくて笑います。すると向こうも笑います。平和な時間が流れます。同じものを食べると仲良くなる。これはきっと洞窟でマンモスを食べてた頃から変わらない人類の本能かもしれません。そこに言葉はいらないのです。そして刺身を食べる醤油が甘かった。九州の人は甘い醤油で刺身を食べると聞いたことがあるけれど、台湾もそうであるということに、僕らは遠く離れているようでいて、そんなに違っていないのだと思いました。

段ボールをもらう時にはお金が掛かることがあるという教訓、そして段ボール財布は外国の人にもわかってもらえるという自信。ＬＩＮさんとの穏やかな夜。気候も人も暖かく、たくさんの思い出をくれた台湾を後にし、ビールの段ボールを抱えて東京に戻りました。

TAIWAN

台湾

**日本にも馴染み深く、
とても近い台湾。
2010年から2013年まで
高雄、台南、台北と訪れた。**

MICHELOB CLASSIC DARKというアメリカ・ミズーリ州の黒ビールのブランド。パッケージデザインを変えて台湾で販売しているようだが、段ボール自体はアメリカ製だった。

2010 – 2013

TAIPEI

台北

2012年と2013年に訪れた台北。都市部ということもあり、食品系のみならず、家電やアパレル系など、他業種の段ボールが集まっていた。日本のブランドも進出しており、それが段ボールに反映されていた。

TAINAN

台南

高雄デザインフェスティバルで仲良くなったLINさんに連れられ電車とバイクを乗り継いで台南へ。夜はビールと油で揚げた魚料理や刺身を食べた。醤油が九州と同じで甘かった。そしてワサビが毒々しい蛍光色だったのを覚えている。初めての地で初めての友達。特別な経験だった。

高雄デザインフェスティバルではモテ期到来。段ボール財布を褒められて、財布も完売。サインを求められるなど、高雄での出来事は今後の段ボールの活動に自信がついた。

KAOHSIUNG

高雄

南部に位置する高雄は気候も人も暖かい印象だった。古き良き風情を残す高雄で見つけた「台湾啤酒」の段ボール。白地に緑の書体のラベル、中国語表記がかっこいい。しかし、使用済みの段ボールにお金を要求され、カルチャーショックを受けた。

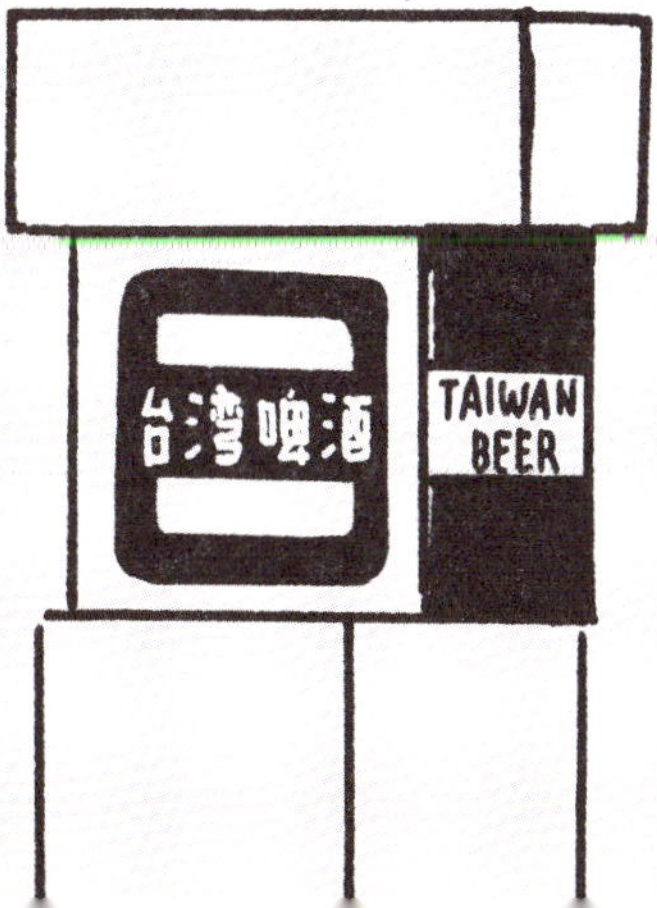

キリンが台湾で展開しているシトラス風味のフレーバービール「Bar BEER」の段ボール。どうやら台湾ではフレーバービールの人気が高く台湾ビールでも甘く味付けされたパイナップル味やマンゴー、バナナ味などがある。そういえばコンビニで買う麦茶も甘かった。

フランス　2011 AUTUMN　パリ

段ボールカメラテロリスト濡れ衣事件

テロリストと間違えられたことはありますか。

秋のパリ。夕方。オレンジのグラデーション。飛行機雲が町中に飛び交う秋の澄んだ空の下、僕はテロリストに間違えられました。

時はさかのぼること数カ月前、大学4年生になった僕は卒業制作を考えていました。美術大学には、卒業制作があります。自分でテーマを決め、大学生活の集大成である卒業制作展に向けて頑張るのです。ここで良いものを作ることで道が開ける学生もたくさんいます。

僕の卒業制作は、当然ながら、段ボールを使ったアートを考えていました。テーマに決めたのは、「段ボールと付加価値」。ただ段ボールで財布を作るだけでなく、実際に段ボールがどこに落ちていたか、どんな場所か、出合うまでの道のりなどを財布の付加情報としてまとめることで、財布に込められた物語を伝えたかったのです。道端の段ボールは世界をどう見ているのか。段ボールの視線を描く作品を作ろうと思いました。あまりにも段ボールを好きすぎて、段ボールと一体になりたかったのです。ちょっとどうかしていたのかもしれません。

段ボールからの視線と言っても、箱に入ってしまうわけではありません（それはそれで楽しそうではありますが）。展示する作品を作るためには仕掛けが必要でした。その仕掛けは、拾った段ボールでピンホールカメラを作るということ。ピンホールカメラという原始的なカメラを、段ボールを使って作るのです。つまり、落ちている段ボール箱を持ち帰り、転写するための乳剤を塗りフィルムにして、それを元の現場に戻す。そして落ちている段ボールから見えている風景を、その段ボール箱の内側に焼き付けるのです。

作戦は固まりました。次は、どこの段ボールをテーマにするか。ちょうどそのタイミングで、『＋81』という雑誌のポートフォーリオビューイングという企画の審査に通り、パリのポンピドゥーセンターで開催されるミニフェアに招待されました。

パリです。芸術の都。きっと段ボールもおしゃれなはず。そしてこういうアート活動にも理解があるはず。ひょっとしたら道ゆく人から声をかけられてすっかり人気者になるかもしれない。いや、なるに違いない。期待を胸にパリへ。秋晴れのカラッとした空気で、空には飛行機雲が残ります。

まずは段ボール探し。パリの街角を歩き回って段ボール箱を探します。段ボールは足で稼ぐ。それが僕の信条です。ちょうど良い段ボールを見つけて泊まっているホテルに持ち帰り、乳剤を塗ってフィルムにした段ボールに、穴を開けて光を当てることで画像を焼き付ける。シンプルな仕組みだけに、失敗の確率もまた高い。それが僕には心配でした。テロリストの扱いを受ける心配はまったくしていませんでした。

この作業は、露光の時間が何よりも重要。明治時代の写真がそうであったように、2〜3分動かさずじっとしていないといけないのです。誰かに撤去されてしまうとそれで終わりです。細心の注意を払って段ボールを守らなければいけない。道端で拾ってきた段ボールに愛しさすらも感じていました。もともと置かれていた道端に乳剤を塗った段ボール箱を置いて、その傍でじっと立っている。この挙動がよっぽど不審だったのか、道ゆく人が次々と怪訝な顔をしながら僕を見て去っていく。

そしてついに、その時がやってきました。人生で初めて通行人からテロリスト扱いされるその時が。一人のおじさんが、「これは爆弾じゃないのか？」ということを（恐らく）言ってきたのです。その顔がどうも冗談ではない。この人は真剣に、僕のことをテロリストだと疑い、調べようとしている。やばい。フランス語はもちろん、英語もできない。もし僕にフランス語ができて、卒業制作で段ボールの視点を表現する作品を作ろうと思ってるんですと言えたとしても信じてもらえる気がしない。

僕がその3秒ほどの思考で出した結論は、段ボールを抱えて逃げることでした。人は、逃げると追いかけたくなるものです。そのおじさんもそうでした。僕にはよくわかりませんが、恋愛とかもきっとそうなのでしょう。

とにかく僕はおじさんから逃げ、おじさんは僕を追いかけました。段ボールを抱えてパリの街を走り回る。おじさんが追いかけてくる。はたから見ると野菜泥棒か何かに見えたかもしれません。しかしそれはまったく笑えませんでした。追いかけてくる人の目は正義に輝いていて、あまりにも真剣《マジ》だったのです。僕は路地に逃げ込み、おじさんをやり過ごしました。これがもしハリウッド映画だったら、ちょうどその場に出くわした誰かがおじさんに「段ボールを持った男を見なかったか？」と聞かれ、「あっちに行ったよ」と違う道を教え、おじさんが見えなくなってから僕に「もう安全だよ」と言ってストーリーが始まるようなシーンです。でも現実はそういきません。フランス映画ではそんなベタなことは起きません。僕は路地の隙間で汗だくで段ボールを抱えていました。その実験は当然失敗に終わりました。

段ボールを道端に置いてじっとしている東洋人は怪しい。遅ればせながらそのことに気づいた僕は、同じ失敗を繰り返さないことを誓いました。それからの僕は細心の注意を払い、できるだけ愛想よく、何も怪しいものではないという雰囲気を出すことに一生懸命でした。

日本に持ち帰ってから家で現像をしました。家のカーテンを閉め、ライトに赤いセロファンを貼って簡易的な現像室に。まずは現像液に浸し、停止液、定着液の順に進めます。そっと乳剤の塗った段ボールを取り出し、現像液につけると、ボワッと景色が現れるのです。それはすごく面白い体験でした。そして段ボールから見えた景色がついに段ボールに転写される瞬間です。とにかく夢中で残る20枚を現像しました。暗室の中で微笑む様子は、それこそテロリストのようだったかもしれません。待てども待てども映像が出てこないものが大半でしたが、それでも4枚成功し、うち1枚は乾燥で失敗し、絵が消えてしまいました。結局成功したのは20枚中3枚。成功率1割5分。これがいいのか悪いのか、同じことをした人を知らないのでわからないのですが、どうなのでしょう。でも、それでも、僕は道端の段ボールが見ている世界を知りました。それはとても貴重な経験で、段ボールとの関係をより深めてくれた気がします。

制作の合間には、せっかくなのでパリのスーパーを見てみようと思い、足を運びました。スーパーでの段ボールのもらい方の基本は、段ボール置き場にいくこと。たいていのスーパーには段ボール置き場があって、使い終わった段ボールがまとめられているのです。そこは僕にとってはまさにたからの山。パリにはどんな宝があるのだろうと胸を高鳴らせて店内を巡ったのですが、なかなか見つかりません。

僕は気づきました。段ボールは商品を入れるためのカゴとして陳列棚の一部になっているのです。使われてしまっているのです。第二の人生を歩み始めているのです。店員さんを捕まえて、身振り手振りで段ボールをくださいと伝えますが、明らかに納得していません。粘った結果、段ボールを数枚手に入れることができましたが、他のヨーロッパ産が多く、フランス産段ボールはありませんでした。

芸術の都は、僕には厳しい国でした。モネやセザンヌ、ピカソやダリが過ごしたパリの街で僕はなかなかひどい目に遭いました。しかし、それが教えてくれたこともまた大きかったのも確かです。僕は卒業制作を完成させ、後はもう自由の身になりました。しかし、その後も世界各国で同じような目に遭うことに僕はまだ気づいていませんでした。

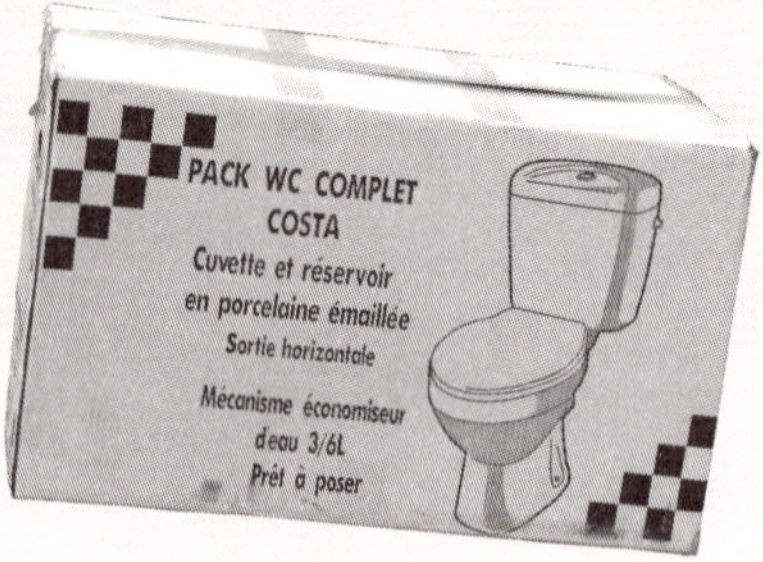

パリの街で最も印象深かった段ボールはトイレの段ボールだった。トイレが段ボールで運ばれることに衝撃。

FRANCE

フランス

初めてのヨーロッパはフランス。
おしゃれな街に
落ちている段ボールは
街の雰囲気に引っ張られ
やっぱりどこかおしゃれだった。

9/28 - 10/5 2011

ステキなパリの街角で、どんな段ボールが眠っているのかワクワクした。

タイ米の段ボール。タイの段ボールの特徴であるクリーム系の色だったが、ヨーロッパ仕様なのか、デザインは欧風だった。

ドイツ電動工具メーカー FESTOOL（フェスツール）の段ボール。多国籍の言語で説明が書かれているのもポイント。

PARIS

パリ

いわずと知れた芸術の都。期待に胸を膨らませていたが、意外にもフランスで作られた段ボールは少なめ。ヨーロッパ各地から輸送された段ボールが多い印象だった。

卒業制作も兼ねたこの時の滞在では段ボールに、段ボールの落ちていた風景を直接焼き付ける段ボールピンホールカメラを敢行した。箱を持ってウロウロしていたのがよくなかったのか、テロリストと間違えられた。

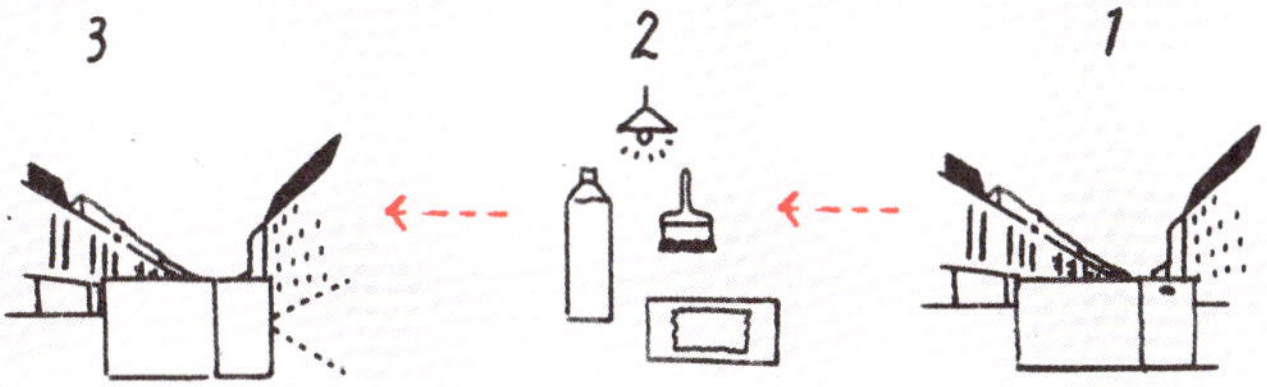

段ボールを拾う。拾った場所を記録しておく。

部屋に戻り、暗室を作り、エマルジョン系の乳剤を流布し、ピンホールを開けた別の段ボール箱に入れる。

落ちていた場所に戻り、感光させる。現像をして、運が良ければそこの景色が浮かび上がる。

くっきりとパリの街角の写った写真。段ボールが見ていた景色が段ボールに浮かび上がった。20枚試したうちの3枚が成功した。今でも大切に保管している写真。

中国・香港
2012 WINTER　香港、広州、桂林

世界一段ボールが流れる大きな河のような国

中国と香港、都市と国を並べて語るのは少し変なことかもしれませんが、僕にとってこの二つの名前は別の国のように響きます。何度も訪れたこの大きな国と小さな都市は、行くたびに違う姿を見せてくれます。

香港は、大好きな街のひとつです。好きな理由は段ボール、ではなく、その緻密な街並み。海や山が入り組み、その合間を縫うように人工の建造物があり、生活の営みがあります。不気味なくらい緻密に建てられた高層マンションは芸術的ですらあります。中国でありながら西洋でもあり、世界のどこにもない異質な都市。ドバイやシンガポールのような新興国とも

違うこなれた雰囲気が香港にはあります。ヴィクトリア・ハーバーと呼ばれる港の向こうには巨大な貨物船が行き交い、ハイウェイが島全体を縫うように走る。見上げた空にはキャセイパシフィック航空の白い機体が飛んでいる。このアジアの小さなエリアに、近代的なインフラが詰め込まれている。凝縮して模型にし、リビングに飾って毎日眺めたいくらいです。

初めて香港を訪れた時、僕はまだ大学生でした。空港からの道、車窓から見えるネオン街には読めない漢字が妖しく光り、その様子はＳＦ映画の『ブレードランナー』を思い出させました。映画に描かれた未来の日本のような退廃的な雰囲気を、香港の街並みは既に持っていると思いました。この都市は、未来を先取りしているのだと。一方で、中国語のネオンの下に照らされる街角の消火栓の形はヨーロッパで見るものと一緒でイギリス領だった時代の面影があちらこちらに残っていることに気がつきました。

香港がイギリスから返還されたのは１９９７年。その前の香港を知りませんが、遠いようで近い過去は段ボールにも影響しているようでした。アジアの段ボールは、原色をふんだんに使った派手なデザインが多いのですが、香港の段ボールは西洋的というか、おしなべてシンプルなものが多かったように思います。派手に主張することなく、凜と佇む段ボールたちに、中国とイギリスの狭間で生き抜いて文化を築いて来た香港の姿を重ねるのは言い過ぎでしょうか。拾えるのは、家電やミネラルウォーターなど。また、貿易が自由なためか、段ボールに英語表記が多かった気がします。国旗が描かれていたり、ネオンっぽいデザインがあしらわれています。これぞ香港という段ボールを拾えませんでしたが、むしろそれが香港らしさなのかもしれません。

香港からイミグレーションを通り、深圳を抜け、広州へ向かいました。飛行機は使わず、陸路で移動します。外国人の場合、国境と同じ手続きを踏まなければ行き来できません。いよいよ広州へ入ります。その途端、まったく景色は変わり、大地が広くなりました。

今や中国の段ボールは、世界中のどこでも見ることができます。世界の工場としての機能を持つ中国。約14億人の国内消費に加え、あらゆるものが中国から世界に運ばれています。大きな国は、やはりたくさん段ボールを使うのです。事実、今世界で一番多く段ボールを使っている国は中国です。ちなみに二位はアメリカ、三位は日本と続きます。メイド・イン・ＵＳＡよりも、メイド・イン・ジャパンよりも、メイド・イン・チャイナが世界に届けられている。段ボールを見れば、世界経済がわかる。僕は段ボールを見て世界経済を感じています。世界は段ボールでつながっている。中国の人々にとって段ボールはとても身近な存在で、段ボール財布を見せるととても面白がってくれました。

広州駅の前は人で溢れ、混沌としていました。香港とはまた違う種類の怪しさです。うごめく妖気というか、道ゆく人々によるエネルギーは広州の方が強く感じられました。「4本足のものは机と椅子以外、空を飛ぶものは飛行機以外何でも食べてしまう」と言われるほど、広東料理の故郷である広州は食材が豊富で、夜市を歩くとムカデやサソリのほか、どんな動物の肉かもわからない食材が屋台で売られています。広州を出発し、次の目的地である桂林へ。夜行バスで揺られること6時間の道のりです。中国四千年の歴史を感じさせる、年季の入ったバスは当然ながら座席のクッション性が悪く、おしりはボロボロに痛くなりました。

桂林の町は四方、山に囲まれています。長い歴史の中で中国の芸術家たちを刺激してやまない山水画のような風景で、仙人が住んでいそうです。桂林漓江を遊覧船で下っていきます。その日はあいにく霧がかかっていたため見通しは悪かったのですが、むしろ幻想的な効果を高めていました。見えないことが想像を膨らませてくれます。時々船着き場があったり、小さな漁船とすれ違うのを見たりしながらゆらりゆらりと大河に揺られ、時間がゆるやかに過ぎていくのを味わいます。たっぷりとした水を眺めていると、人は穏やかな気持ちになるものです。本能でしょうか。そして船は漓江に到着。船着き場の近くでさっそく、段ボールが目に入ります。桂林特産と書かれた豆腐乳の段ボールをもらうことができました。中国の大きな河のほとりで出合う段ボール。悠久の大自然に身を委ね、とどまることを知らない河の流れの先に出合えたもの。これはもう、どう考えてもここでしか拾えない段ボールです。僕はその段ボールを大事に持って帰ることにしました。

翌朝、桂林から南寧という都市へ陸路で向かいました。初めての中国、香港の旅。その最後に段ボールを拾っておきたくて、中国側のイミグレーションの中を必死に探したら、売店にカップ麺の段ボールがあり、それをもらうことができました。長く感じた5日間の中国の旅を終え、ベトナムへと向かいました。

その後も香港と中国には何度も訪れました。近年は中国で開催される、大きなデザインやアートのイベントにワークショップやスピーチに招待されるようになりました。伝えてほしいと言われる内容はCartonのコンセプトである「不要なものから大切なものへ」。急成長する経済の中で大量の消費、環境問題が追いつかなくなっているのかもしれません。誘ってくれる主催者はだいたい若者で、欧米に留学し、帰ってきた若者たちです。そして来てくれるお客さんも若い世代です。段ボール財布の考え方が中国の抱える問題のちょっとしたヒントになっていることがとても嬉しいと思っています。

今や世界最大の電気街、テクノロジー企業で栄える深圳を訪れた時は、林立する巨大なビルの間を拾った段ボールを抱えて歩いていると、リヤカーで集める人に声をかけられ、「それくれないか」と言われたこともあります。段ボールをほしいと言ったことはあっても、ほしいと言われたことはなかったので少し戸惑いました。まさか段ボールが僕にとって大事なものだとは夢にも思わなかったようです。

ソニーのような日本のブランドも、コカ・コーラのようなグローバルブランドも、現地化されているのがコレクター魂をくすぐります。ウオッカのように度数の高いお酒、白酒は高級品なので多色刷り。1缶20円くらいの激安ビールはものすごく簡素なデザインだったり。とにかくビールの味が薄く、ビールと言うより炭酸水に近いその味が忘れられなくて保管しています。スポーツドリンクの箱に、アラビア語も入っているのを見たときは、シルクロードとつながる国だと感じました。書かれている文字や段ボールの隙間に入った空気にその土地ならではのものがあります。そういうものに僕は強く惹かれてしまうのです。

段ボールは時に、写真以上に雄弁にその土地のことを語ります。段ボールの声に耳をすませる人にだけしか聞こえない言葉で。二度と拾えないものかどうか。僕が段ボールを選ぶひとつの基準です。大きな河が流れるように、変化を止めない中国。そこには常に、二度と拾えないものがあります。

CHINA

中国

HONGKONG

香港

世界一の段ボール消費国中国と西洋的な香港。
大いなる混沌の中でさまざまな
段ボール模様を見せてくれた。

2/4 - 2/8 2012

GUANGZHOU

広州

どこを歩いても人だらけ。広州駅周辺はまさに混沌とした様子だった。夜食べた生牡蠣がガソリンの味だったのが思い出深い。

中国で売られているサントリービールの段ボール。日本のパッケージと違い、富士山をあしらうなど、日本を意識したデザインに変更されていた。

GUANGZHOU

HONGKONG

中国と香港のイミグレで。バス会社が支給するミネラルウォーターの段ボールを拾えた。

HONGKONG

香港

狭く入り組んだ地形をタンカーや高速道路の車が縫うように行き来し、空を見上げるとキャセイパシフィックの飛行機が低空で飛んでいた。

GUILIN

桂林

晴天ではなかったのが逆に幻想的に感じた桂林のカルスト地形。絶対にどこかに仙人がいそうな気配だった。

桂林特産の豆腐乳の段ボール。桂林という文字が入った段ボールを手に入れられたのは大収穫だった。

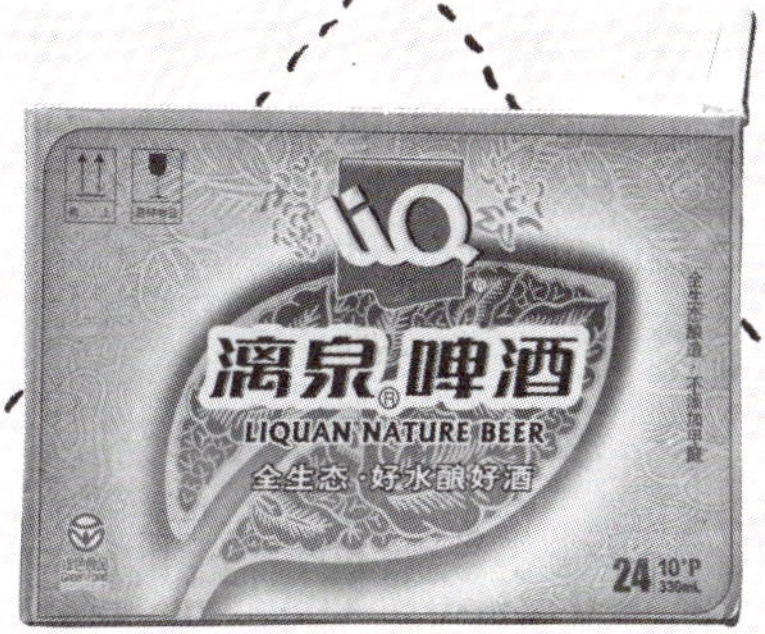

漓泉ビールは20円くらいの安いビール。飲んだ感想はほぼ水をアルコールで割ったような味。ビールの麦芽感はまったくなかった。まずくても記念に。

NANNING

南寧

ベトナムと中国の国境に位置する南寧市。今までの大都会とくらべると大分落ち着いていた。

中国内の移動はすべてバスで。クッション性の悪い椅子、壊れている椅子もあり、座り心地は悪かったが、格安旅行では協力な助っ人。

空港の売店で拾った中国のカップ麺の段ボール。赤と紫の色合いが中国らしい。

ベトナム
段ボール拾いの朝は早い

2012 WINTER ハノイ、ホーチミン

中国からベトナムへ陸路で入った途端、ベトナム語で印刷された段ボールを見つけ写真を撮りました。中国語以外の文字が新鮮に感じ、興奮しました。文字の違いは段ボールコレクションの基本です。

空港から首都ハノイへ着く頃にはすっかり夜になっていました。道路は混雑し、バイクが蟻のように整然と街中を走っています。日本のような信号機のある横断歩道はないため、バイクは流れ続けます。どうやって渡るものかと通行人を観察すると、ちょっとした隙に思い切って道路へ足を踏み出します。すると海が割れるようにバイクが歩く人を避けてくれます。

僕も思い切って踏み出しました。ベトナムの道路は、勇気がある者だけが道路を横断できる。歩行者優先ではなく、勇気優先でした。

フランス領だったベトナムは、ところどころにヨーロッパ風の建築も目立ちます。ふらりと入った食堂で、驚くほど安いビールを、野菜炒めとともに食べ、深夜になっても減ることはない街中に響くバイクのクラクションの音を聞きながら、ベトナム1日目が終わりました。

翌日のハノイは曇天で、何となく町が暗く感じたのを覚えています。この街を歩いて気がつくのは、天秤棒を担いだ地元の段ボールピッカーたちの存在。彼らは町中にいて、朝からせっせとたくさんの段ボールを積みながら徘徊しています。

タイやベトナムには、段ボールを拾うことを生業にしている人々がたくさんいます。古紙回収業と言ってもいいのですが、もっと原始的なスタイルでやっているのです。日本のように決められた日に回収業者が集めるインフラは整っていないため、そういう人が段ボールや瓶、缶を集め、換金所に持っていくとお金に換えてくれます。彼らは夜の間に道に出された段ボールを拾い、人々が街に出始める頃にはもうあらかたの段ボールが街から消えています。ここは段ボールピッカーの激戦区。出遅れた僕は残った段ボールを拾うことが関の山でした。まだ学生だった僕は、生活のために戦っている人たちにはなかなか敵わないなと思いました。

ハノイからホーチミンへ。当然陸路の予定でしたが、走行距離が想像以上に遠く、車で約31時間と大変な時間を要するため、ベトナム航空で移動することに。ベトナム航空の国内便は機内食も美味しかったし、アオザイを着たキャビンアテンダントさんも上品で綺麗でした。昼過ぎに到着して、すぐに市街地へ。曇天のハノイと違って晴天、すごく活気が感じられます。空も青く、これぞ東南アジアという感じの爽やかさで満ち足りた気分です。

ところで、３３３（ビアバーバー）を知っていますか。それは、ベトナムの国民的ビール。東南アジアで最もビールを消費しているベトナムで、圧倒的な人気を誇るビールです。ラベルはインパクトがありますし、サラッと飲める東南アジア系（シンハーや青島など）の中では割としっかりと麦の味がする気がして、もともと好きなビールでした。この段ボールを求めてベトナムへ来たと言っても過言ではありません。3は、ベトナムでは最も縁起が悪い数字です。逆に最も縁起が良い数字は9らしく、３３３は足すと9になるから縁起がいいのだ、ということを聞きました。発想がとても斬新です。

３３３の他にも、ベトナムは亜熱帯気候のためか、ハイネケン、タイガービール、AQUAFINAなどお酒や飲料水の段ボールが多い印象でした。しかしどれも、早起きの段ボールピッカーに先に取られてしまっていましたが。

地元の段ボールピッカーの激しい戦い（ほとんど敗北）を休戦し、メコン川を周遊することに。メコンデルタの入り口の町、ミトーを回るツアーに参加しました。巨大なメコン川は茶色く濁り、岸辺には小さな家がちらほらと。途中、ココナッツ教（ヤシ教）という宗教施設の廃墟の前を通りました。ココナッツ教はその名の通り、ココナッツを信仰する宗教で、信者たちはココナッツしか食べないという説明を受けました。なかなかストイックな宗教です。ちょっとココナッツが好きという理由で入ると後悔しそうな気がします。一生をひとつの食材に限定するなんて、とてもできそうにありません。ココナッツ教の建物は、ベトナム戦争で墜落したヘリコプターの部品などで作られていて、『地獄の黙示録』的な雰囲気がありました。ある意味アップサイクルです。

日が落ちるころ、空全体をオレンジに染める夕日は美しく、川のほとりには蛍が飛んでいました。夜は名物の揚げたエレファントフィッシュを食べました。メコン川の恵みです。当然のことながら、ビールにとてもよく合いました。翌日、333ビールの段ボールと、地元の段ボールピッカーから学んだ早起きの大切さを収穫として、陸路でホーチミンからカンボジアを目指しました。

VIETNAM

ベトナム

ベトナムを代表する
ビール「333」の段ボールを
求めてハノイと
ホーチミンを旅した。

2/8 - 2/13 2012

HANOI

ハノイ

フランス領だったため、洋風の建築がいたるところに残るハノイ。首都にしては静かな印象だった。

ハノイの街角で見かけた段ボール。すべてベトナム語で印字されている。段ボールからもベトナムに来たことを実感させる。

全体的に物価が安く、ついつい食べすぎてしまう。空芯菜が特に美味しかった。

プロの段ボールピッカーを捉えたスケッチ。天秤のようなものを肩にかけ、段ボールを満載し街中を走り回っていた。

HO CHI MINH CITY

ホーチミン

ハノイ〜ホーチミン間はベトナム航空を使った。エスニックな機体のデザインと、CAさんが印象的。ハノイと違って活気あふれるホーチミン。もともとは首都であったのでその面影を感じた。

ついに見つけた「333」の段ボール。たくさん落ちていると思いきや、ベトナムで拾った「333」はこの1箱のみだった。

メコン川クルーズはホーチミンでも有数の観光スポット。漁業が盛んで、メコン川が都市を育んできたことがわかる。

HO CHI MINH CITY

ベトナムでもビールが人気のようで、国産のビールの他、ハイネケンやバドワイザー、隣国タイガービール。そして日本のサッポロやキリンなども多く目撃した。

カンボジア

拾う神と拾う紙

2012 WINTER
プノンペン、シェムリアップ

ベトナムを後にし、カンボジアのプノンペンへ。

プノンペンというかわいい名前の由来を調べたら、「ペン（夫人）の丘」という意味らしい。ペン夫人は熱心な仏教徒で、ある日川を流れて来た仏像を見つけて拾い丘の上に祠を立てて大事に奉ったという出来事が元になって街の名前になったということです。ペン夫人が仏像を拾った街へ、僕は段ボールを拾いにやって来ました。カンボジアにはアンコールとカンボジア、そしてプノンペンの3種類のブランドのビールがあると知り、その段ボールを絶対に拾おうと心に誓いました。

一般的にお酒用の段ボールはしっかりしているため、財布を作りやすいのです。ちなみにアジアとアメリカでは、ビールの段ボールに構造上の違いがあることを発見しました。アメリカは瓶で飲む習慣が多いためか、瓶を縦に置くタイプの段ボールであるのに対し、アジアは缶で飲む傾向が見られ、6缶×6パックの平たい段ボールが主流です。ビールの段ボールは強度や厚み、弾力性など財布に適しているのと、どこの国でもビールを作っていて、財布の柄にもなる派手なラベルに特色があります。

早朝、メコン川を下り、アンコール遺跡のあるシェムリアップへ向かうことに。メコン川下りの狭い船の客室は小さな窓しかなく、窓はセピア色にくすんでいます。ここで5～6時間じっとしていなくてはいけないと思うと、かなり気が滅入る空間でした。外に出ると強烈な陽射しでひどい日焼けをしてしまうので、うかつに外にも出られませんが、それでもこれ以上船内にいるのは我慢ができず、屋根に上ることに。外には特に柵があるわけでもなく危ないのですが、屋根にいる人も多かったです。気が滅入る室内から解放されて、空気がとても美味しかったことを覚えています。

水辺の町に並ぶ家は、船のようでもありました。彼らはメコン川で、漁をしながら生きています。川とともに生きるのです。観光船に漁船が近づいて来て乗客に魚を売って来ます。

列車の停車時間に近づいてくる売り子さんのような感じです。しかし、生魚をここで受け取ってどうしろというのでしょうか。

澄んでいた水が急に茶色へ変わると間もなく、目的地シェムリアップへ到着です。遺跡を前に、ここでカンボジアビールの段ボールと出合います。カンボジア2大ビールのひとつ、カンボジア。思い切った名前は嫌いじゃないです。一昔前の日本で流行した立体的な3Dフォントと不思議なお札のイラストが、一周まわっておしゃれでした。

アンコールの遺跡群へ。アンコールワットは改装工事中で残念な姿でしたが、段ボールの切れ端を拾うことができました。木と遺跡が混じり合うアンコールトムはとても良く、これぞ遺跡の中の遺跡という出で立ち。

夜、アンコールビールの段ボール拾えなかったな、と落胆しながらホテルを出て、コンビニに水を買いに出ました。すると帰り道、赤い箱が落ちていました。よく見るとそれがアンコールビールの段ボールだったのです。急いでホテルへ戻り、カメラを持ってその場で撮影しました。ようやく念願の段ボールを拾いました。クメール語で印字され、地図記号のようなアンコールワットのイラストが、アイコニックでかわいい。狙っていた段ボールを手に入れることが出来て、思い残すことはもうありませんでした。

ただ、思い残すことはなかったものの置き残していたものはあり、遠く離れたプノンペンのホテルにパスポートを忘れたことに気づきました。6時間かけて川をゆっくり下って来たシェムリアップからプノンペンの道のりを小さいバンで大急ぎで往復することに。おしりが壊れそうになりましたが、なんとかパスポートを取り戻すことができました。パスポートが捨てられる紙にならなくて本当によかったです。

願っていれば、拾える。ペン夫人は仏像を拾ったけれど僕は仏像の代わりに段ボールを拾い、大事にしよう。そう心に誓い、アジア周遊を終えて日本へと帰りました。

CAMBODIA

カンボジア

ベトナムからカンボジアへ。
アンコールワット遺跡には
どんな段ボールが落ちているのか。
期待を膨らませて訪れた。

PHNOM PENH

プノンペン

ベトナムをバスで越境し、プノンペンに到着。かわいい名前の都市名は、仏像を拾った熱心な仏教徒ペン(夫人)の丘という意味らしい。

2/13 – 2/17 2012

「カンボジア」というストレートな名前の地ビールの段ボール。デザインがアメリカ的でコテコテなのが特徴。

カンボジアでは川の行き来が多いせいか、たくさんのカーフェリーが運行していた。

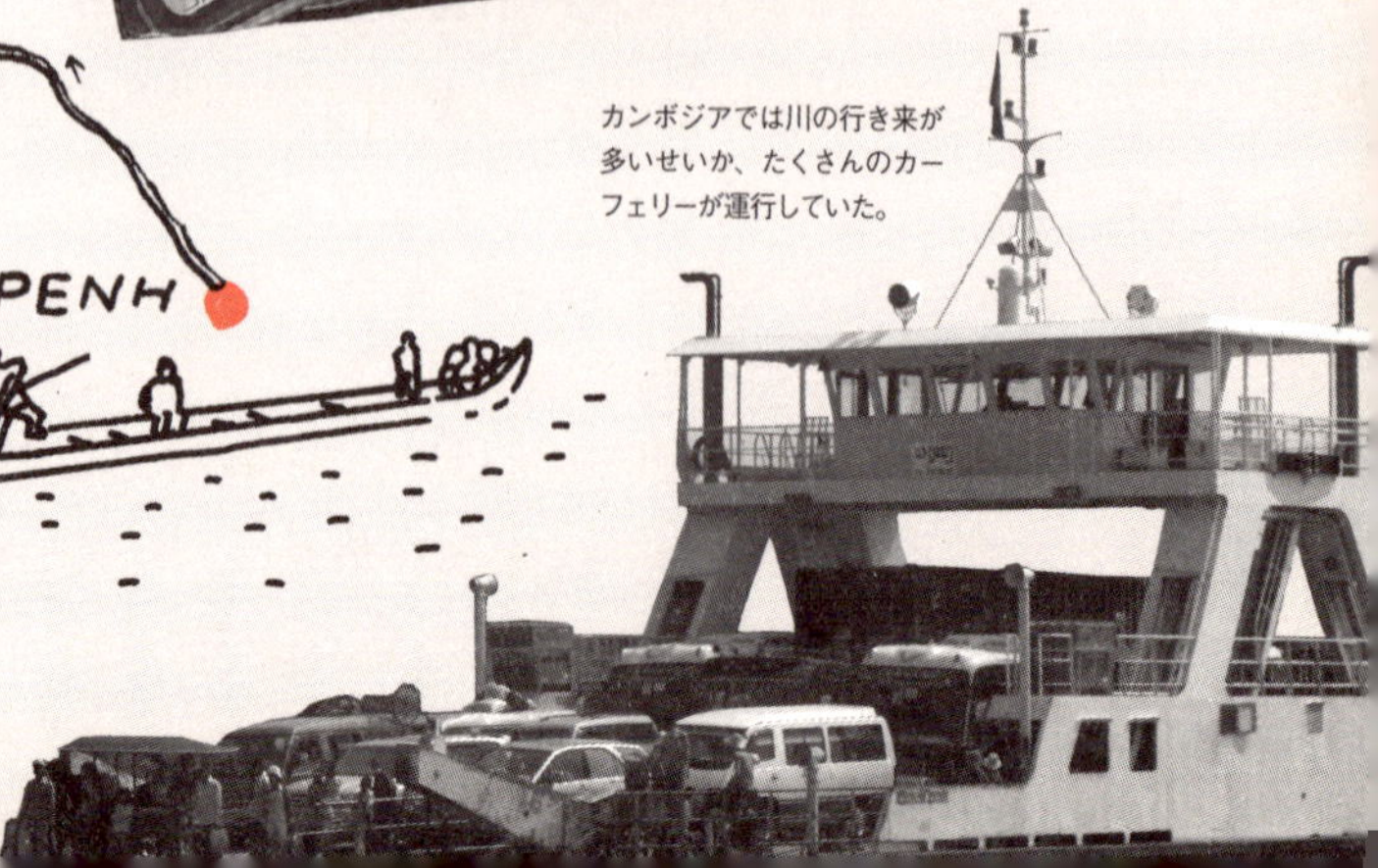

アンコール遺跡群で拾った“GENERAL”と書かれた段ボール。それ以上の情報がなく、いったい何の段ボールかは不明だ。

SIEM REAP

シェムリアップ

カンボジア北西部にあるリゾート地。クメール王国の遺跡であるアンコールワットを訪れる際の拠点となった。

シェムリアップで拾った段ボール「アンコール」はカンボジアの地ビールだった。堂々とアンコール遺跡のデザインを描くのではなく、さり気なくアイコンのような遺跡のデザインがかわいい。

プノンペンからシェムリアップへはメコン川をクルーズできる。水辺にすむ住民の生活が垣間見れるほか、メコン川から雄大なトンレサップ湖へ開けていく瞬間は圧巻。

タイ ― 2012 WINTER バンコク

幸福は選ばなくてはいけない

タイ。ほほえみの王国。

穏やかでハッピーなイメージのある国です。そしてタイは段ボール大国のひとつ。タイ料理店が世界中にあることから、タイ米や香辛料、乾麺（ビーフン）などの段ボールが多くの国で流通しています。

カンボジアから陸路で国境のイミグレーションを通過し、タイに足を踏み入れます。国境の町アランヤプラテートからバンコクまで、タイエースと呼ばれる小さいハイエースのようなワゴン車にぎゅうぎゅうに押し込められて3〜4時間の道のり。僕に笑顔はありませんでした。

途中の休憩ではチャンビールで喉を潤し、やっと笑顔に。日本のタイ料理店でもビールはシンハービールとチャンビールが有名ですが、シンハービールよりチャンビールの方が安くて酔いやすく、庶民の味方らしいです。

バンコク市内へ差し掛かると大渋滞。ホテルに着く頃には夜になっていました。

タイの市場は楽しい雰囲気。夜は歓楽街を散歩することにしました。カオサン通りと呼ばれるエリアはとても賑わっていて、クラブミュージックのような音楽が鳴り響いていました。路上にはアイスクリーム屋、かき氷屋、蜂がやたらに集まるシロップを並べて売っているような店もありました。あんなにも虫に営業妨害をされている店もないと思います。

翌日はバンコク市内で段ボール探し。路地を巡ります。ベトナムのハノイやカンボジアのプノンペンに比べて、バンコクは一回り発展が進んでいる印象です。タイの段ボールはどれもかわいく、デザイン性が高い。クリーム系、もしくはオレンジ系をベースに緑や黄色、青の配色があしらわれています。タイ語がポップに表記され、そこにイラストや写真が配置されています。日本で見かけてもこれはタイの段ボールだと一目でわかるほどです。

あえてイラストにせず、限られた色、限られた解像度で写真を活かすなど、リアリズムを追求しているものもたくさんあります。そんなデザインは今のところタイでしか見たことがありません。タイの段ボールには独自のデザイン文化が育っていて、明らかに何らかの美学、熱い思いが感じられるのです。タイの段ボールデザイン界におそらく巨匠がいて、その人の影響下にタイの段ボールデザインムーブメントがあるように感じられました。あまりにも魅力的な段ボールが多く、もう、タイの段ボールをごっそり束ごと持って帰りたい。そういう気持ちでした。

しかし、大体の段ボールは箱として使われているか、誰かが既に集めていて、自由にもらえるものは多くありませんでした。ほしいと思ったものがうまく手に入らない欲求不満が溜まります。それでもタイのデザインに魅力を感じた僕は、捨てられている段ボールを探して路地に入ったり、露店の人に交渉をしたりして、せっせと段ボールを集めました。

ここまで読んで来た人の中にはひょっとすると、自分も段ボールを探して外国へ行こうと思っている方がいるかもしれませんが、段ボールを探す旅に出るなら、その時に気をつけておいてもらいたいことがあります。それは、すべての段ボールを持ち帰ることはできないということです。

バックパックでなおかつ5カ国以上周遊する場合は、段ボールをいかにコンパクトに詰め込んでも、限界があります。このケースの場合、逆算すると、１カ国につき２枚か３枚、それが僕が定めた基準です。逆に、その基準を持っておけば、厳しい目で段ボールを見ることができるようになるのです。多くを求めるものは、少なくしか持ち帰れない。大げさに言えばそれがひとつの真理です。

タイの段ボールはどれも素晴らしかったのだけれど、そのほとんどは持ち帰れませんでした。取捨選択。そこが人生を幸せに過ごす上で、そして段ボールをコレクションする上で、最も重要なことなのかもしれません。そう自分に言い聞かせながら、泣く泣く持ち帰る段ボールを選別し、持ち帰れないものはタイに残し、ほほえみながら空港へと向かいました。

THAILAND

タイ

ほほえみの国タイ。
ステキな段ボールのデザインに
僕もほほえまざるをえなかった。

2/17 – 2/18 2012

MY BOYという子ども向けスキンミルクの段ボール。男の子のデザインがなかなかのインパクト。

BANGKOK

バンコク

うんざりするほどの渋滞を狭いハイエースでバンコクへ向かった。交通事情は悪いものの、豪華な寺院と近代的なビルが交錯する魅力的な街だった。

タイでショッキングだった食べ物。屋台のかき氷屋さんのシロップにたくさんの蜂が集まっていて、それをかき分け、シロップを取り出して氷の上へ垂らす。見た目はインパクトがあった。

オイスターソースと思われる段ボール。背景の牡蠣の柄が網点なのがタイらしさを感じさせる。

ちょっとふざけた鳥のデザインがかわいい段ボール。チキン味のスナックだった。

星のデザインが目を引くこの段ボール。FOOD COLOURと書いてあって、実は着色料のことだった。

出来ればこの束ごと持って帰りたいくらいだった。タイでもこのように段ボールを束にして集めて生活している人が見受けられた。

飲料の段ボールもビールからミネラルウォーターまで、デザインが豊富。

ちょっと寄り道 1

おぼえておきたい段ボールの歴史

The history of cardboard

段ボールの起源は、1856年のイギリス。E.C.ヒアリーとE.E.アレンという2人組が特許を取得した、シルクハットの内側に入れて通気とクッションの役割を果たす紙だと言われています。その後、歴史の舞台はアメリカへ。1871年、石油ランプなどのガラス類の緩衝材用のボール紙の特許が取得され、やがて瓶、壺などの包装材にも使われ始めます。そして1894年、ついに「段ボール箱」が製造されました。1895年にはウェルズ・ファーゴ銀行が小口貨物に輸送用段ボール箱の使用を開始したという記録が残っています。

日本では1909年、井上貞治郎氏が「段ボール」と命名して段ボール製造事業を開始。1910年代半ばから、電球、化粧品、医薬品、菓子類などに使われ始めます。その後、関東大震災による木材、釘などの不足もあり、段ボールの普及が進みました。1933年頃には陶磁器などの輸出用に段ボールが使われるようになりました。戦後、歴代内閣は木材資源保護を目的に「木箱から段ボールへの切替え運動」を推進。1955年頃には、ビール、酒類、醤油、乳製品、農産物などの分野で木箱から段ボールへの移行が進みます。みかんなどの青果物で段ボール使用が広まったのもこの時期です。そして、高度経済成長期の家電の浸透により段ボール需要は急激に発展、1970年代には段ボールの生産・消費ともに欧米諸国並みになり、現在に至ります。

参考：全国段ボール工業組合連合会 HP

葛藤の社会人時代

2013-2016

トルコ

大人の財布で、飛んで段ボール

2012 AUTUMN
イスタンブール、カッパドキア、サフランボル

「少年の心で、大人の財布で歩きなさい」

作家の開高健が書いたエッセイ（『地球はグラスのふちを回る』新潮社）に、そんなことが書かれていたのを覚えています。2012年、僕は広告代理店に就職し、社会人になりました。仕事はアートディレクター。ポスターや新聞広告など、広告のビジュアルを考える仕事です。どうしたら人の心を惹きつけるか。印象に残るか。段ボールにプリントされたデザインとはまた違うデザインの世界です。広告について学びながら、家に帰れば個人として段ボール財布を作り続ける。ワークライフバランスではなく、ワーク段ボールバランスの追求

が僕の毎日になりました。まだ半人前だったけれど、サラリーマンとして毎月の給料をもらえるという変化が僕の生活に起きました。そのお金の使い道は、段ボール探しの旅行以外にありません。大人の財布で旅をしたらどれだけ世界が広がるか。学生時代とはまた違う旅の始まりです。

社会人になって初めての段ボール探しはトルコへ行くことに決めました。東洋とヨーロッパが交錯する国。「飛んでイスタンブール」という歌のせいか、ドラマチックなイメージがある国です。まだ見ぬトルコ語の段ボールを求めて、僕は飛び立ちました。

イスタンブール・アタテュルク空港に到着。トルコは世界有数の観光国なので、アジア、中東、ヨーロッパ、いろんな人種が空港にひしめいていました。歴史的な交通の要という雰囲気です。日が暮れるハイウェイをタクシーで走り、市内へと移動します。アザーンというイスラム教のお祈りの声の放送がスピーカーから響きました。サイレンのように割れた音声を聞くと、異国に来たことをどこよりも強く感じさせる情緒があります。心が静かになっていくのを感じるメロディ。宗教は違えど、清らかなものを感じて厳かな気持ちになります。

随一の名所、アヤソフィアへと足を運びます。薄く青みがかった大理石のドームがとても綺麗です。キリスト教の大聖堂として作られ、イスラム教のモスクとして使われたという歴史もすごい。今は博物館として、宗教を超えた聖なる場所として人々を受け入れ続けているようです。本当のパワースポットという感じでした。

港が見える高台から、タンカーが行き交う物流の要衝・ボスポラス海峡を眺めます。古代からヨーロッパとアジアをつなぐ海。積み込まれたコンテナの中には段ボールがたくさんあるのかなと想像が膨らみました。穏やかな海を眺め、しばし歴史に思いを馳せます。ただ、あまりこのあたりの歴史に詳しくないので、すぐに切り上げ、バスに乗って世界遺産の町、サフランボルへと向かいました。

サフランボルという地域は、その名の通り植物のサフランから名付けられた街です。アジアの交易の中心だった時代、集積場があったと聞きました。サフランボルは20世紀の発展に取り残されたため、ローマ時代やオスマン帝国時代など、近代以前のトルコの歴史を残す建物が多く残ったことが世界遺産になった理由のようです。発展から取り残されても、古いものを守り続けていればいいことがある。サフランボルはそんなことを教えてくれます。名物のクッキーの段ボールを手に入れ、僕は満足です。

バスで次の目的地カッパドキアに到着。奇妙な夢に出てきそうな尖った岩は、「妖精の煙突」という名前で呼ばれているそうです。名前はかわいいですが、景色としては火星かどこか違う星のようで、まったくもって異世界でした。この岩にかつて穴居人《けっきょじん》と呼ばれる人々が穴を掘って住み着き、その人工の洞窟に初期のキリスト教徒たちが住んだといいます。見渡す限り自然しかないので、どうもこの星には段ボールはなさそうです。

帰り道、トルコアイスのコーンの段ボールを拾ってテンションが上がります。まさかトルコアイスにまつわる段ボールが手に入るとは。アヤソフィアよりもカッパドキアよりも嬉しい瞬間です。ドイツやフランスにはトルコ系の移民が多く住んでいますし、トルコ料理屋さんは世界中にあるので、トルコ語の段ボールは他の国でもよく見かけるのですが、その国の段ボールを拾えた時に勝る喜びはありません。町にはトルコ産の段ボールを多く見つけることができました。イスラム語とトルコ語が併記され、アヤソフィア同様、段ボールにも文化の調和が表れていました。帰路はバスで空港へ。空港に着くなり、段ボールを拾いまくるラストスパートです。空港で段ボールは路面店などの外に置かれていることが多いです。またそれを回収するギャレーがあって、そこからもらうこともあります。ikbalというお菓子やJamsonというイギリスのお酒など輸入製品の段ボールを手に入れました。

大人の財布があれば、思い切って海外に行ける。これなら社会人になっても段ボールを続けていけると強く思い、再び東京のサラリーマン生活へと戻りました。

TURKEY

トルコ

イスラム系とキリスト系。
まさにヨーロッパとイスラムの
交差点の国。
言語表記が複数あるなど
段ボールにもその融合が
表れていた。

SAFRANBOLU

9/22 - 9/25 2012

SAFRANBOLU

サフランボル

文化遺産都市サフランボルではトルコ語の書かれた段ボールを多く見た。「Kahkecizade」はトルコのクッキー。

CAPPADOCIA

こちらはサフランボルの名を冠したクッキー。シンプルだがご当地感のある段ボールが拾えたのはラッキーだった。

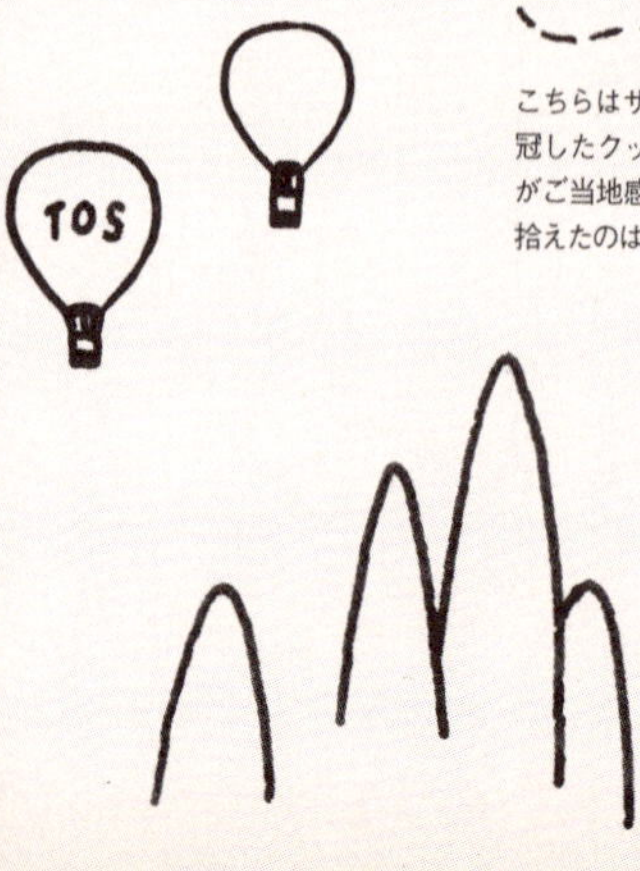

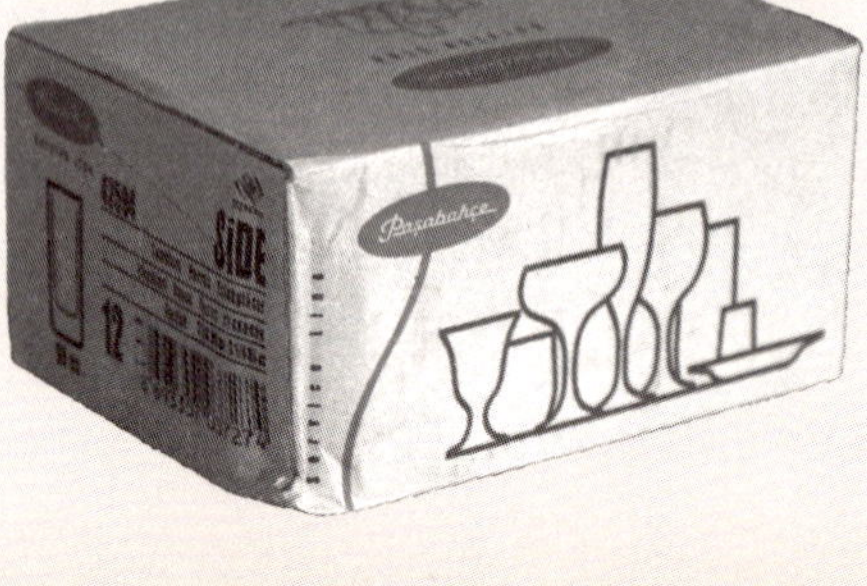

多くタンカーが行き交うボスポラス海峡はまさに流通が生きている。きっとコンテナの中には段ボールがたくさん詰まっていることだろう。

ISTANBUL

ANKARA

ISTANBUL
イスタンブール

イスタンブールではタイミングが良かったのか、空港でたくさんの段ボールがストックしてあった。

トルコの都市間移動はバスが便利。途中のサービスエリアで段ボールを拾えるのが楽しみだった。

トルコで一番の収穫となったトルコアイスのコーンの段ボール。このようなご当地感あふれる段ボールと出合えると嬉しい。青、ピンク、黄という色のバランスがとれてかわいいデザイン。

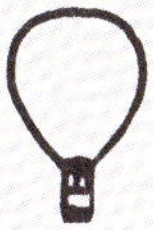

CAPPADOCIA
カッパドキア

地上から見ても、気球から見ても、その奇妙な地形は一度見たら忘れられない。自然も綺麗だが、早朝、観光用の気球で空が埋めつくされる光景もまた印象的だ。

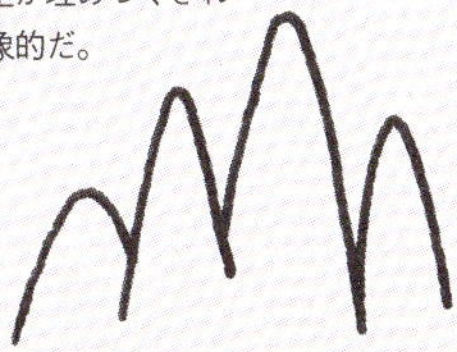

スペイン、イタリア、ギリシャ

遺跡の近くで段ボール

2013 AUTUM
バルセロナ、ローマ、アテネ

グランドツアーという旅行をご存知でしょうか。主にイギリス貴族の子弟たちが大学卒業後の休みの期間を利用して言葉の通じない国を巡り、見聞を広げるそうです。簡単に言うと、卒業旅行のスケールの大きいもの。とくに人気はギリシャとイタリアで、歴史好きなイギリス人にとって、魅力的な場所なのでしょう。僕は既に社会人でしたが、思い切って10日間のグランドツアーに行くことにしました。見聞を広げるのではなく、段ボールを拾う旅です。

まずはスペインのバルセロナに到着。空港はガラス張りですごく綺麗。さすが建築大国スペインという感じです。空港のサインがとても洗練されていてかわいかったのが印象的でした。芸術の国スペイン、段ボールへの期待も高まります。市内で段ボールを探していると、道端にまとまって捨ててあるので拾いやすく、しかも綺麗。最高の街でした。市内のいたるところにあるゴミ箱はとても大きくかっこよく、持って帰りたいと思ったくらいです。

スペイン国旗を想起させる赤と黄色の段ボールは、スペインらしく、とても気に入っています。街角の花屋さんでは、花が入っていたと思われる段ボールをもらいました。陽気で幸せ、本当にいい街です。段ボールピッカーにとっても、そうでない人にとっても。

サグラダ・ファミリア（聖家族教会）。アントニ・ガウディの終生の傑作です。ガウディはサグラダ・ファミリアを造っている最中に亡くなったわけですが、仲間に「諸君、明日はもっと良いものをつくろう」と言って仕事を終え、その少し後、ミサに向かう途中で交通事故に遭い、3日後に亡くなりました。「明日はもっと良いものをつくろう」、そう思いながら生きることはとても幸せなことです。入口の近くに段ボールがあったので、サグラダ・ファミリアを背景に写真を撮りました。段ボールにピントを合わせて写真を撮っているのは僕くらいのものでした。サグラダ・ファミリアと段ボール。なかなか芸術的な取り合わせではないでしょうか。このときのテーマはどこの場所で拾うか、を重視していました。サグラダ・ファミリアの近くで拾った、というエピソードは誰にでも説明しやすく、段ボールの価値を高めてくれるからです。

地中海に面しているバルセロナはパエリアをはじめ海鮮料理が豊富です。この段ボールもmarfrioという水産物加工会社の冷凍食品の段ボールだとわかりました。水に弱い段ボールは水産加工品に適さないのですが、冷凍食品には普通に使われることを発見しました。

そして次の目的地、イタリア、ローマへ。

フィウミチーノ空港に着き、ローマ市内へは鉄道で向かいます。日が暮れる前にローマ市内に着きました。歴史を感じさせる街並みが本当に美しかったです。コロッセオは観光客がたくさんいたので中に入るのは諦めたのですが、付近でPERONIビールの段ボールを発見し、コロッセオの一番近くに落ちている段ボールとして拾いました。

さっそく、コロッセオを背景に段ボールを撮影しました。サグラダ・ファミリアで気に入ったスタイルです。バルセロナにくらべると段ボールは少ない印象でした。ポツポツと道端に落ちている感じです。トレビの泉でも段ボールを拾いました。ローマは全体的に治安の悪い雰囲気がありました。道ゆく人の中に時々目つきが鋭い人がいます。僕も鋭い目つきで段ボールを探していたのですが、彼らはカモを探していました。そして、そのカモは、僕でした。ローマ・テルミニ駅からホテルまでのタクシーで、ぼったくられたのです。歩いていける距離だったのですが、スリや強盗の危険を感じてタクシーに乗ったのが間違いでした。請求されたのは日本円で1万5千円。これはしかし、払わないと危険な雰囲気もあり、払ってしまいました。そういう苦い経験があるとお金を落とす気がなくなります。さっきまであんなに綺麗だった街並みも、灰色に映りました。それでも段ボール探しは続きました。ほしかったイタリアンスパゲッティの段ボールは見つからなかったのですが、ぶどうとワイン、ビールの段ボールを手に入れました。ワインの段ボールは赤、緑、白の色でイタリアの国旗から着想を得たのでしょう。たとえ求める段ボールがなかったとしても、転んでもただでは起きません。倒れたら、段ボールを拾って立ち上がるのです。

せっかくのローマですから、世界一小さな国であるバチカン市国も訪ねました。地下鉄やバスで簡単に行けるので、国というよりテーマパークのような感覚でした。着いてみると領地の3分の2くらいが庭園で、ゴミひとつ落ちてない綺麗な場所でした。それもまたテーマパークのようです。道端には段ボールがなかったのですが、周辺のスーパーでワインの段ボールを手に入れることができました。キリスト教ではワインはキリストの血を意味します。ローマ法王がいる土地で、ワインの段ボールをもらったことは偶然ではないのかもしれません。決して無駄にはできない段ボール、大事に持って帰りました。

そしてイタリアからギリシャへ向かうために空港へ。段ボール探しにおいて、空港は最後の砦です。粘り強く空港を歩き回り、運よくオレンジのリキュールの箱を手に入れることができました。ぼったくられて落ち込んだりもしたけれど、たくさんの段ボールを拾えたイタリア・ローマ。思い残すことなく最後の目的地、ギリシャへと飛びます。

ギリシャのアテネ国際空港に到着。空港を出ると、スペインともイタリアとも違うすごく雄大な景色です。空はどこまでも高く抜けて、世界が広々と感じられました。こんなに気持ちのいい場所で、よくソクラテスは考えごとにふけることが出来たなと思います。僕ならずっと日光浴をしてぼうっとしてしまいそうです。

今回のお目当てはギリシャ語の印刷された段ボールを拾うことです。ギリシャ語はα《アルファ》やβ《ベータ》など、今もいろんな場面で記号として使われている文字です。長い歴史を持つこの文字が入った段ボールを、ぜひともコレクションに加えたい。そんな願いを持ちながら、パルテノン神殿へ向かいました。混んでいるのかと思いきやあまり人もいないし、入場も無料でした。当たり前のような風景として神殿がある。それこそが実はすごいことだなと思いました。

早朝、船でエーゲ海の島々を巡ります。まずはポロス島で段ボール探し。ギリシャは農業が盛んな国なので、段ボールが多いのではないかという予想を立てていました。実際、街にはギリシャ産オリーブやトマト、果物などもたくさん並んでいたのですが、どれも木箱に入っていて、段ボールが意外に少ないことに気づきます。それでも、スナック菓子の段ボールをなんとか手に入れ、再び船へ。次の島はイドラ島。光に照り映える白い家々が美しい街でした。しかしここでも拾えたのは缶詰の段ボールだけ。ギリシャの国旗と同じ青色の段ボール。そこにギリシャ語はありませんでした。

エギナ島、これが最後のチャンスとなった島。しかし段ボールの神様は裏切りません。ついにギリシャ語満載の段ボールを見つけました。EASYという乳製品の箱、ギリシャ語がたくさん印字されているので、大満足です。ギリシャにはオリンポスの神々がいるんだと思うのですが、段ボールの神様もきっといるのでしょう。

スペイン、イタリア、ギリシャ。どこも太陽がキラキラしている国ですが、それぞれの国に言葉もデザインも違う段ボールがあります。気づいたのは、国旗の配色がされた段ボールが多かったこと。それぞれの国の誇りを感じると同時に、市場などで同じ品が並んでもぱっと見てどこの国の段ボールかがわかるという知恵なのだと、感心してしまいました。いくつになっても学びはある。社会人になってから、ちょっと遅めのグランドツアーに行くのも悪くないものだと思います。

ITALY

ワインの段ボールもイタリアは多かった。赤や緑の段ボールが多いのは国旗を連想させるからだろう。

GRAND TOUR

グランドツアー

ヨーロッパ3カ国を周遊。
テーマは遺跡と段ボール。
イタリアのコロッセオ、
スペインのサグラダ・ファミリア、
ギリシャのパルテノン神殿。
その遺跡にもっとも近い
段ボールは何か。
国ごとにどんな違いが
あるのかを探った。

ATHENS

アテネ

ついにお目当てのギリシャ語満載の段ボールを見つけた。嬉しい。

GREECE

ギリシャ

トマトの段ボールが多かったギリシャ。段ボールも青と白をベースとしていて、ギリシャと一目でわかるデザインになっていた。

GREECE

10/3 - 10/11 2013

ITARY

イタリア

ROMA

ローマ

コロッセオの近くで拾った段ボールはPERONIというビールの段ボール。鮮烈な赤がローマの街で映えていた。

SPAIN

スペイン

SPAIN

BARCELONA

バルセロナ

サグラダ・ファミリアに一番近かった段ボールはmarfrioという冷凍シーフードの段ボール。パエリアが魚介中心なのでこういった段ボールがあるのも納得できる。

バルセロナで有名な名店のイカ墨のパエリア。コクがあってとても美味しかった。

バルセロナで拾ったAHOLLAと大きく書かれた段ボール。スペインの国旗の色が印象的だった。

インド

弱い段ボールとたくましい人々の国

2014 SPRING
アーグラ、ニューデリー、バラナシ

あちこちの国で路上を観察していると、いろんな人を目にします。知らない土地を観察するには、段ボールが落ちてないかを探す時の目線の低さがちょうどいいのかもしれません。

近い将来、人口が世界で一番多くなる国、インド。想像もできない数の人がうごめくこの国には、どういう人たちが住んでいるのか。インドに行ったという人に話を聞くと、すぐにまた行きたいという人もいれば、二度と行きたくないという人もいて、謎は深まるばかりです。この未知の国には、どんな段ボールがあるのだろう。ヒンディー語の段ボールを探しに、僕は西へと飛びました。

成田発、上海経由でインドへ向かいます。8日しか休みのない中でのインド旅行、無駄は許されません。早朝、インディラ・ガンディー国際空港に到着。空港の外にはさっそくインド人がひしめき合っています。本当に人が多い。熱気のせいか、中国よりも人が多い印象です。到着ロビーに待ち構えて旅行者に声をかけている人々の多くはぼったくりタクシーの運転手だと聞いていました。インドにおける最初の、なかなか厄介な洗礼です。捕まって餌食になってしまうと、いきなり旅が終了してしまう危険もあります。しかし近年は空港からエアポートリンクという列車がでているので、安全にデリーまで行くことができました。

初めてデリーの地へ降りる。もわっとした熱気、リクシャー（三輪タクシー）が蚊のように集まって来ます。道はゴミだらけ。やばいところに来てしまった。目に映るもの、耳から聞こえるもの、全身で衝撃を受け止めました。

さっそく街角で、コカ・コーラ社の合理的な段ボールを発見しました。コカ・コーラ、ファンタ、スプライト、Limoa、Thums up の5つのブランドロゴがひとつの段ボールにまとめて記されているのです。中身によって、ブランドロゴに手書きで丸がつけられ、中身が分かる仕組みです。側面には個数を記載する欄があります。ブランドごとにつくる手間やコストが省ける効率の良さにインドの知恵を感じました。

この日は電車でデリーから、タージ・マハルのあるアーグラまで行く予定でした。でも駅は複雑で、チケット売り場がわからない。駅員さんらしき人に聞くとそれはあっちだと言って、連れて行ってくれることに。意外と親切じゃないかインド人、と安心していたらなぜかリクシャーに乗せられ、ちょっとした距離を走り、村のようなところへ着きました。そこで明らかに嘘っぽいチケットやよくわからないパッケージツアーを指して、「これがチケットだ」と言い張るインド人。これはやばい。いきなりやばい。必死に拒否し、なんとか駅に戻り、ようやく解放されました。もう段ボールどころではありません。アーグラまでたどり着くのに必死です。後から聞くと、インドではこうした偽のパッケージツアーを売りつけ、お金を巻き上げるという手口がポピュラーなようです。仕方なくインド観光局へ行き、ツアーを組んでもらいました。個人の移動先の移動手段、宿泊先を決めてくれます。

そうこうしてどうにかツアーに出発。まずはチャーターの車でアーグラへ。日暮れに出発し、市内の凄まじい渋滞を掻き分けると、広いハイウェイへ。バイクに一家で4人乗りしたり、明らかに壊れている車が走っていたり、この国には交通ルールなんてないんだと、まざまざと感じるハイウェイでした。夜になり、市街地へ。リクシャーがいたるところから出て来ます。よく事故が起きないものだと感心します。ようやくホテルへ到着。とりあえず休息。

長い1日が終わりました。

ツアーのガイドさん曰く、タージ・マハル周辺はとても危険。何か話しかけられても無視するように、と言われました。道を歩いていると確かに声を掛けられます。一目散に敷地内に入ると、中はとても綺麗で、広々と空いていました。いよいよタージ・マハルと対面です。昔の皇帝が愛する妃のために造ったお墓だとか。ロマンチックな話です。でも、本当に興味を惹かれる光景はタージ・マハルの裏側にありました。ものすごく寂れた貧しい村が広がっていたのです。世界一美しいとも言われる真っ白な建物と、貧しい村のコントラストは、インドという国のリアルを写していました。この国にはいろんな人がいる。人が多ければ多いほど、人と人との差は大きくなっていくのかもしれません。

宮殿の裏の貧しい村のことを思いながら、アーグラ駅へ向う途中も段ボール探索をして歩きます。インドの段ボールはどれもクタクタなものが多く、繰り返し使っている跡が見えます。貴重な資源なのです。maazaというフルーツ飲料水の段ボールが落ちているのを見つけ、売り子の少年に聞くと、快くもらえました。しかも無料《タダ》で。デリーでは50ルピーほどお金を要求されるケースが多かったので、この少年の優しさに心を打たれました。紙は粗末でも、こういう段ボールこそが僕にとってはたからものなのです。

アーグラ駅は3時に列車が来る予定でしたが、待てども待てども電車は来ません。その間に、一度は断られた、インド国鉄が売るミネラルウォーターが入っていた段ボールを手に入れることができました。世界で最も交渉上手と言われるインド人とのやりとりにも、だいぶ慣れて来ました。本当に嬉しくて、周囲の人に声をかけ、その段ボールと記念撮影をしました。通りがかる人はなぜこの日本人はこんな普通の段ボールを片手にニコニコしているのだと怖がっているようでした。世界にはいろんな人がいる。段ボールを通じて僕もそのことをインド人に教えられたかもしれません。

もうひとつ、駅長さんが何かを書くときに下敷き代わりに使っている段ボールがあって、そこに試し書きの跡がたくさん付いていました。地元の人が実際に手書きしている段ボールはとてもかわいく思えました。心の底からほしかったけど、これはもらってはいけない、と思って我慢しました。拾えなかった段ボールはいつも心に残ります。

待つこと3時間、ようやく電車が駅に入ってきました。チケットに号車番号が書いてある割に、どこに何号車が止まるのかわからないという恐ろしいシステム。電車が来た瞬間、みんな列車の番号を見て走り出す。日本のように車両と車両を行き来できないので、間違いは許されません。なんとか乗り込み、夜にデリーへ到着。疲れ切っていたので次の日に備えました。

翌日は朝からインディラ・ガンディー国際空港の国内線ターミナルに行き、ガンジス川のほとりの聖地、バラナシまで飛行機で向かいます。機内から見える景色はどこまで行っても茶色でした。バラナシは今までいった地域の中では比較的田舎のようで、高いビルもなく、どちらかというと小さい路地が多い印象です。ホテルでチェックインを済ませ、バラナシの街を歩いてみます。

意外と見つからなかったインド産の野菜の段ボールと出合います。しかし、どれも商店の陳列棚として使っているので、もらえません。室外機の段ボールや、扇風機の段ボールが多いのも印象的でした。さすが暑い国です。街を歩けばとにかくゴミがそこらじゅうに落ちています。インド人は道端に捨てることに躊躇がないようでした。

聖地、ガンジス川を眺めます。お世辞にもきれいな水とは言えませんが、雄大で大きな流れでした。どこから来て、どこへ流れていくのだろう。じっと見ていると、ちょっとだけ哲学的な気持ちに誘われる川です。夜はいたるところで川に向かってお祈りをする儀式が行なわれていました。人々が手にするロウソクの明かりが水面に映り、とても綺麗でした。

チャイの飲み方が変わっているのも印象的でした。小さな素焼きのコップにチャイが注がれると、まるでウオッカをショットで飲むように一気に飲み干し、空のコップを足元に捨てます。聞いた話によると一時期、チャイをプラスチックのコップで出していたこともあるそうなのですが、みんなが同じように捨てるので環境問題になり、土に還る素焼きに戻したそうです。捨てるのをやめよう、ではなく、捨ててもいい素材にしよう、という発想はなかなか日本では考えられないのですが、それもまたインドです。その他、葉っぱで作ったお皿も各地で使われていて、これはこれでエコなのだなと思いました。

早朝はガンジス川下り。まだ薄暗い中、船が出発します。川からみた川岸もまた面白かったです。川に入ってお祈りする人、ヨガをする人、体を洗う人、歯みがきをする人までいました。川とともに生きる。あらゆる生活の中心がガンジス川であることがわかります。帰りは徒歩で帰ることに。途中小さな路地に迷い込んでしまい、もう出られないんじゃないかと焦りました。ちょっとした迷子がシャレにならないのが、インドのスリリングなところです。

その頃インドはちょうど総選挙のキャンペーン期間で、後に首相となるモディ氏のお面がいたるところで配られていました。お面で選挙活動をするというお祭り感が、なかなか楽しげで良かったです。道には地元の段ボールピッカーも多く、拾う隙を与えてくれませんでした。かろうじて川の近くでミネラルウォーターの段ボールを拾い、沐浴しているおじさんを背景に写真を撮りました。

美味しかったカレーも食べ続けると胃がおかしくなってきました。よくインドに行くとお腹を壊すというけれど、細菌とかが原因なのではなく、単純に油の摂取のしすぎなのかもしれません。旅の後半は、すっかり日本食屋さんの冷やし中華のお世話になり、スパイス攻めから解放された胃が喜んでいるのを感じました。

短いようで長かったインド滞在。ラール・バハードゥル・シャーストリー空港へ向う途中、何か忘れ物をしていたらまたあの雑踏に戻らなきゃいけない、という想像をしたらすごく心細くなりました。無数の人が自分を騙そうとしているあの感覚。早く安全な場所に行きたいと心から思いました。フライトは定時に来て、再び上海経由で成田へ到着しました。有給休暇でどれだけの体験が出来るか不安だったけれど、水に弱くくしゃくしゃに乾いている粗悪な段ボールと、どんな環境でもたくましく生きる人々の記憶を持ち帰ることができました。

帰国後、インドで拾った段ボールで財布を作ったら、折れてヒビが入りました。水にとにかく弱く、耐久性に問題があります。印刷も雑で、段ボールの紙の凹凸による版ズレで可読できない部分があっても気にせずに使われていました。

悠久の国、インド。それは弱い段ボールと、たくましい人々の国でした。

INDIA

インド

ヒンディー語の段ボールを
求めにインドへ。
果たしてインドでは
どのような出合いが
あったのだろうか。

4/29 – 5/4 2014

ガンジス川

VARANASI

バラナシ

デリーから飛行機で1時間。聖なる川「ガンジス川」へ到着。多くのヒンディー教徒が集まる場所なのでお土産や食物、家電や服など流通がいろいろ集まっていた。バザールで見つけたインドの野菜の段ボールがとてもかわいい。

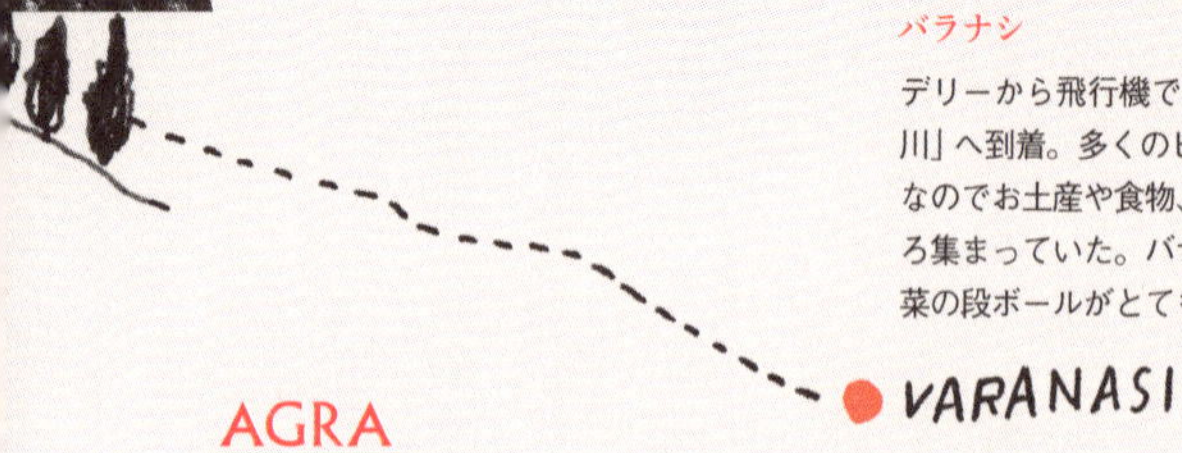

市場の野菜が段ボールに
詰められて売っていた。

AGRA

アーグラ

デリーから車で5時間。タージ・マハルで有名な観光地アーグラへ到着した。観光地周辺は綺麗で段ボールは落ちてないが、帰りにアーグラ駅で「rail neer」と呼ばれる、国鉄が販売しているミネラルウォーターの段ボールを拾えた。

DELHI
デリー

訪れた5月の平均気温は45度。日中は外に出ることがままならない過酷な環境といえる。そのせいか、売店で売られているものはほとんど飲料だった。右下はコカ・コーラ社の5つのブランドが記載された合理的な段ボール。

デリーで拾ったコカコーラの段ボール。

インドの古紙回収率は年々向上している。2006年に16%だった古紙回収率も2013年は25%にアップ。これは2010年、3R（リデュース、リユース、リサイクル）を根付かせるWaste to Wealth（ゴミから富へ）政策が始動した事が大きいと言える。

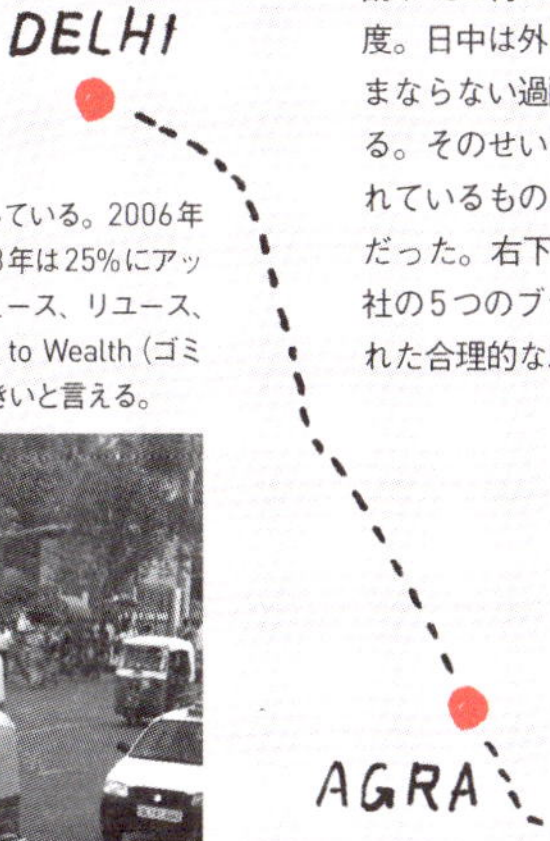

「rail neer」は持ち帰った段ボールで唯一、ヒンディー語が入ったの段ボールとなった。

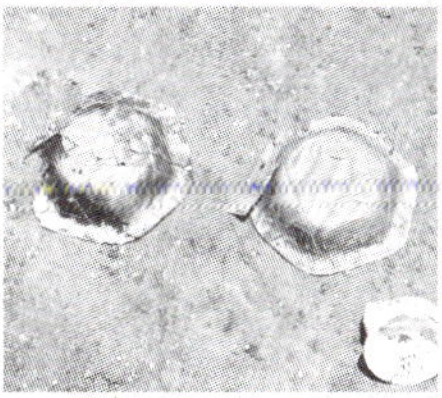

葉っぱでできたお皿が落ちていた。土に還る素材なので、これはこれでエコなのかもしれない。

イスラエル

閉じ込められた段ボールの受難

2015 WINTER テルアビブ、エルサレム

古い1枚の写真があります。5歳くらいの僕が、背の高い段ボールの箱の中に入っていて、切り抜いた窓から顔を出している。とてもいい笑顔をしています。段ボール箱の狭さはどこか落ち着いて、中は快適に温かい。いつもとは違う場所に自分を閉じ込めることの楽しみを感じている笑顔です。イスラエルの空港の入国管理エリアの一室に閉じ込められ、さまざまな質問を受けながら僕は、その写真のことを思い出していました。

さかのぼること数カ月、インドを体験し、さらなる刺激を求めていた僕は、イスラエルを目指すことに決めました。公用語は、ヘブライ語。国内にはヘブライ語の段ボールがたくさ

ん流通しているはず。他の国との国交がないため、イスラエルでしかイスラエルの段ボールは手に入らない。他のどこでも拾えないもの。これ以上僕の心をくすぐるものはありません。でも、イスラエルを巡るさまざまなニュースが飛び交う昨今。安全なのかという疑問もあります。それでも、歴史的にも現代的にも特殊な状況にあるこの国にはどんな人が住み、どんな段ボールがあるのか。想像もできない国だからこそ、何か大きな発見があるのではないかという期待の方が大きかったです。人が行かないところに行く。冒険とはきっとそういうものだと思います。

イスラエルには成田空港からトルコを経由して行きました。テルアビブにあるベン・グリオン国際空港に到着。いつも通り入国手続きを通過できると思っていたのが大きな間違いでした。入国管理官に、イスラエルに来た理由を聞かれ、いつもは「観光が目的です」と言うところをなぜか「段ボールを拾いに」と正直に話したところ、これ以上ないほど怪訝な顔をされ、あっちへ行けと言われて別室へと連れて行かれました。

ここから、長い尋問が始まったのです。訪問先、家族構成や電話番号、会社になんと言って休みを取ったか、細部まで厳しく詰め寄られます。担当があるのか、一人の質問が終わったかと思うと次の質問者が来て、向き合う相手がコロコロ変わります。そのすべての人が威圧的で、まるで軍隊のようでした。定期的に質問をされながら、誰もいない間は部屋の中でじっと待たされます。部屋にはテレビがあって、ちょうど『アナと雪の女王』が流れていました。部屋に閉じこもる雪の女王に共感します。でも雪の女王は自分で外に出ることを選べたけど、僕は外に出たら何をされるかわからない。助けに来てくれる人もいない。尋問で中断されながら途切れ途切れに見終わると、次は『インディ・ジョーンズ』が始まりました。

同じ部屋にはスイス人もいて、同様に質問を受けていたのですが、彼は1時間ほどで解放されていきました。しかし僕はその後も威圧的な質問と待ち時間の繰り返し、とうとう『インディ・ジョーンズ』も見終わりました。インディが大冒険をする一方で、僕はどこにも行かずじっとしている。もう何もかもを諦めて、次の映画は何だろうと思っていたところに、すべての質問を終え、ようやく入国スタンプが押され、4時間にわたる拘束は終わったのです。空港を出るときに、胸いっぱいに空気を吸い込み、やっと手に入った自由を味わいました。こんな嬉しいことはありません。レットイットゴーです。

先ほどまでのストレスを忘れ、穏やかな気持ちで外を歩きます。道路はとても綺麗で、整備されています。テルアビブの市街地へ入ると、ユダヤ人やアラブ人、いろいろな民族がいるようです。移民も多いのかもしれません。ところどころ壊れた建物が放置されていて、ちらほらと目に入るヘブライ語が異国感を漂わせていました。国連の車が走っているところに、今のイスラエルが置かれている複雑な状況を垣間見ることができました。テルアビブの中心部へ来ると、街並みは打って変わって完全にヨーロッパやアメリカの西海岸を思わせます。歩く人も白人がほとんどで、明らかにさっきの地域とは違う雰囲気です。

ビーチのある方へ移動します。最初の段ボールはヘブライ語の書かれた、引っ越し屋さんの段ボールでした。その後もスーパーやデパートを回りながら段ボールを探して1日が終わります。最大の収穫は、コカ・コーラの段ボールでした。最初はなんだ、コカ・コーラかと気に止めなかったのですが、よく見るとコカ・コーラのいつものアルファベットのロゴではなく、見たことのない言語で組み合わされていたのです。ヘブライ語表記であることに気づき、びっくりしました。これは貴重なコレクションとして、今も大切に保管しています。

翌日はいよいよ聖地エルサレムへ向かいます。朝、バスに乗り込むと2時間ほどの道程でエルサレムへ到着。街の交通は意外にもトラムが整備されていて、近代的です。嬉しいことに、道端にたくさんの段ボールが落ちていることに気づきます。どれもヘブライ語。興奮して拾い集めながら前に進みます。誰も僕を止めることはできません。

旧市街のマーケットは完全にかわいい段ボールだらけでどれもこれも拾いたいものばかり。

玉ねぎやパンの段ボールなど、そのうちのいくつかを拾い集めては写真を撮り、とにかく楽しかったです。ここは段ボール拾いの聖地でもある。勝手にそう決めました。

エルサレムはユダヤ教、イスラム教、キリスト教、三つの宗教の聖地のため、人種もさまざま、宗教もさまざまです。市街地を外れ、旧市街が一望できる小高い丘へ登ります。モスクと教会が混在して、見れば見るほど不思議な土地です。三つの宗教の聖地ともなっている岩のドーム、クッバ・アッサフラが綺麗でした。ひとつの建物が三つの宗教の聖地になることがどういうことなのか、それぞれの信仰を持つ人が互いに何を考えているのか。それは僕にはわかりませんが、でもみんな段ボールを使うということだけは共通しています。世界は段ボールでつながっている。その確かさをエルサレムで感じました。

夜はバスが混み合っていました。無事乗れるか心配だったけれど、何とか乗り込んで無事夜にテルアビブへ戻って来られました。テルアビブは夜歩いても何も問題ないくらい安全です。入国管理であれだけ厳しく審査をしていれば、怪しい人がいないのも理解できます。食べ物は、サンドイッチなど欧米の食事に近く、ビールやワインもレストランで楽しめました。思う存分段ボールも手に入り、満足できる旅となりました。

スーツケースいっぱいにヘブライ語の段ボールを詰め込んで、思い残すところなく、次の目的地チェコへ向かいます。通常の空港のルールと違い、ベン・グリオン国際空港は出発4時間前の到着が要請されています。それだけセキュリティーが厳しいのだと思います。既にその厳しさを、身をもって知っていましたし、やる事もなかったので5時間前に空港へ到着しました。それでも嫌な予感はしていたのですが、やはりというか、係員に捕まりました。

怪しまれたのは段ボールと、中判カメラという大きめのカメラ機材です。そこからは大変でした。なんどもX線を通され、裸にさせられ、尋問され、もうどう考えてもチェコ行きの飛行機には乗れないと諦めていました。ただ段ボールが好きなだけなのに。なんでこんな目に合わなければいけないのだろうか。世界はもっと平和になれないのだろうか。裸でボディチェックを受けながら、そんなことを考えていました。解放されたのは4時間後。段ボールとカメラはチェコに別送する、ということで決着しました。怒りよりも何よりも、チェコ行きの飛行機に乗れることがわかり、ほっとしたことを覚えています。国際的な緊張の中心にあることを考えると、どれだけ厳しく審査をしてもしすぎるということはないのかもしれません。そういう意味では、入国管理官の責任は重く、厳しい態度も仕方がないことなのです。

しかしその苦難が故に、イスラエルの段ボールはより思い出深いものになりました。常に緊張し、固く閉ざされた国、イスラエル。どこよりも貴重な段ボールとなりました。

2/21 - 2/23 2015

ISRAEL

イスラエル

日本のパスポートは最強と言われるが、
イスラエルでは通用しない。
入国も出国も一苦労。
しかし段ボールも国内も
とても素晴らしかった。

こちらはヘブライ語が大きく書かれた玉ねぎの段ボール。

イーグルと書かれたパンの段ボール。イスラエルで多く見かけたのでポピュラーなパンなのかもしれない。

JERUSALEM

エルサレム

宗教の聖地だが、段ボールの聖地だと勝手に決めた。それくらいたくさんのイスラエル産段ボールが落ちていた。ユダヤ教、キリスト教、イスラム教、三つの宗教が混在するこの地は僕が見た限りは宗教の対立は感じられなかった。

旧市街では本当にいろいろな段ボールが僕を楽しませてくれた。天地を表す矢印の表現も、国が変わるとデザインも変わるようだ。日本でよくみる天地サインとは違ってレトロだ。

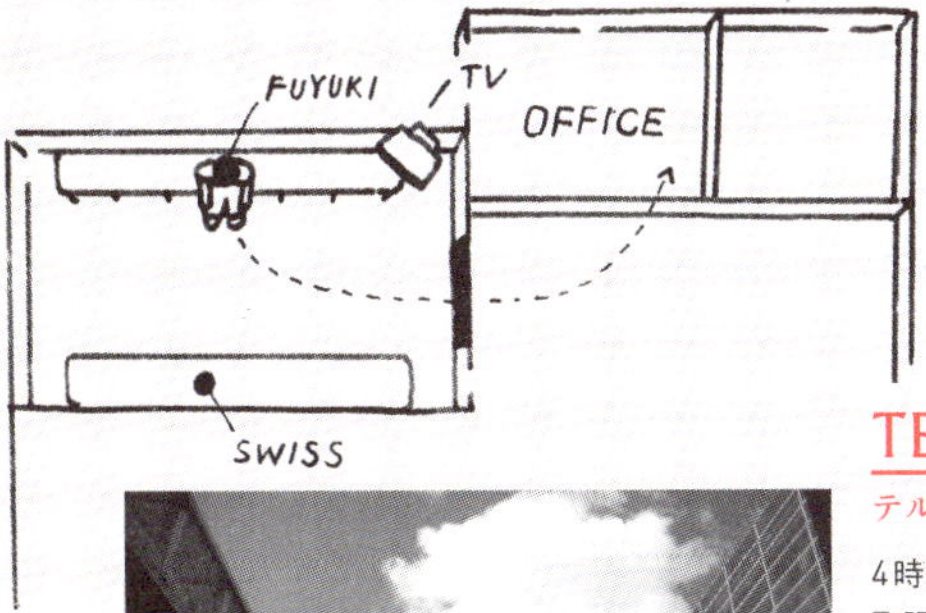

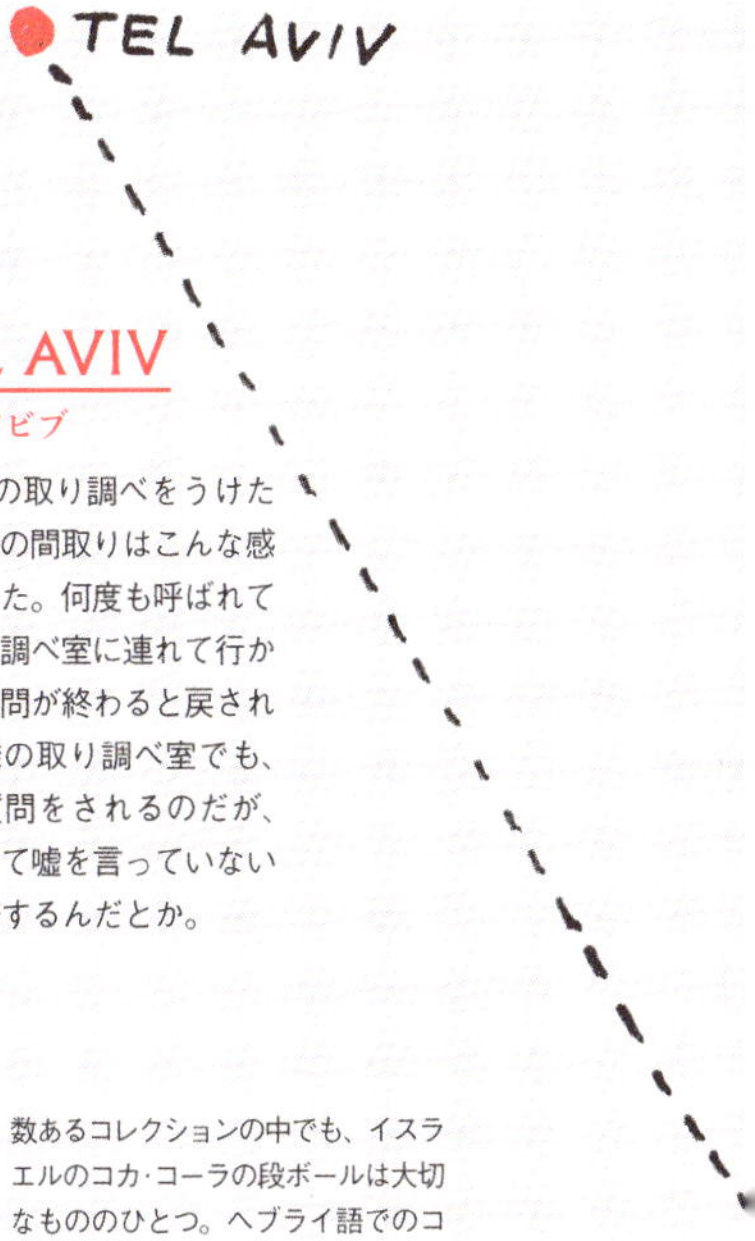

TEL AVIV

テルアビブ

4時間の取り調べをうけた取調室の間取りはこんな感じだった。何度も呼ばれては取り調べ室に連れて行かれ、尋問が終わると戻される。隣の取り調べ室でも、同じ質問をされるのだが、照合して嘘を言っていないか調査するんだとか。

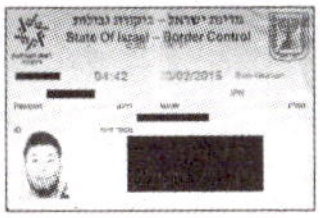

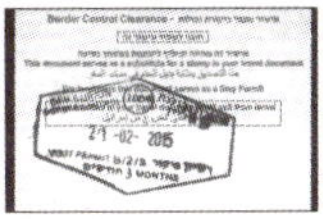

厳しい尋問を終えて入国できたとき、達成感と同時にホッとした。自由とはありがたいこと。そして入国が当たり前だった海外旅行ではいい経験だった。パスポートにイスラエルの入国スタンプがあると入国できないイスラム系の国もあり、別紙に押されるのもイスラエルの特徴。

数あるコレクションの中でも、イスラエルのコカ·コーラの段ボールは大切なもののひとつ。ヘブライ語でのコカ·コーラのロゴの再現が興味深い。

ペプシもあった。このようなアメリカの段ボールがあるのも、アメリカとイスラエルの国交の背景を感じさせる。

イスラエルではプレスされた段ボールを多く見た。段ボールの捨て方も国それぞれなんだと感じる

チェコ

遠くで小さく暮らす旅

2015 WINTER プラハ

こういう段ボールがあるといいな。段ボール旅行の前にはいつも、まだ見ぬ段ボールへの夢を膨らませます。その期待が叶うとは限らない。裏切られることもある。それでも夢を見ることそのものが楽しいのです。裏切られることもまた、旅の楽しみなのかもしれません。まるで人生みたいです。苦難のイスラエルを超え、チェコに到着したのは朝でした。イスラエルに比べると、なんと楽な入国手続きだったことでしょう。それまでの海外旅行はどこに行っても、信頼の高い日本のパスポートのおかげか、スムーズな入国に慣れていました。イスラエルを経て、怖い人に尋問をされない入国審査のありがたみを改めて感じました。そういう意味では、イスラエルのあの4時間もまたいい経験だったのかもしれません。もう二度とごめんですが。

空港からバスで市街へ向かいます。冬のヨーロッパの街並みは色が少なく、どこか寂しい雰囲気があります。空も灰色に曇っていて、風は冷たく吹いていていました。けれどもそんな物悲しい気持ちは市内を走るかわいいトラムを見ると晴れました。石畳を車輪が叩くたびに、カチャンカチャンとリズミカルで心地いい音がします。この国には、街そのものに音楽があると思いました。

チェコはビール大国。水より安いと言われる国です。たしかに大きなピッチャーで130円くらいと、とても安く美味しいビールが飲めました。ビールがあるところに段ボールあり。これが世界の常識だと思っていたのですが、プラハの店はどこもプラケースを使っていて、段ボールが見つかりません。国によって頻繁に流通する商品は輸出のみ段ボールを使い、国内では繰り返し使えるプラケースを使うことは珍しくありません。チェコではビールがそうなのかもしれません。Dallmayrというドイツ資本のカフェの段ボールひとつしか拾えず、初日は諦めることに。

今回は、ホテルではなくアパートを借りてみることにしていました。その方がその国の生活をよりリアルに感じることが出来ると思ったからです。4日間だけ間借りしたアパートに戻り、スーパーで買い込んだ惣菜とビールを楽しんでいると、旅行者ではなく住人の気分です。ついでに買った屋台のホットドッグがとても美味しく、幸せな気分に。段ボールはまた明日見つかるさ。そういう軽い気持ちになりました。

翌日、昨日道端で拾った段ボールで財布を作り始めました。現地で拾い、現地で作るのはこれが初めての試みです。カード入れにはプラハ地下鉄の路線図マップを使いました。テーマは生活に溶け込む旅、ホテルではなくアパートを選んだ理由はここにあります。仕事しながら滞在する。旅が変わり始めたのを感じます。

ヴルタヴァ（モルダウ）川にかかるカレル橋を渡り、プラハ城を見ました。今日も曇天でしたが、逆にクラシック音楽の似合う雰囲気とはこういうものかもしれません。こういう天気で、こういう景色を見ながら作曲家たちは新しい音楽を作ってきたんだと思います。

市内を地下鉄で回ります。スーパーへ遠出をしたり、財布を作ったり、日本にいる時と変わらないことを遠く離れたところでやることが妙に新鮮でした。チェコの段ボールで作った財布はいい具合に完成し、記念に写真を撮りました。

世界遺産にも登録されているプラハ歴史地区は、景観を大切にしているのか、街全体が清潔に保たれている印象でした。他の国と比べても、落ちている段ボールが極端に少ない街のひとつです。やっとのことで見つけて拾った段ボールも茶色のシックな色合いで、石畳の街に溶け込んでいるようでした。ちなみにその段ボールには手書きで緑字と赤字で別々の人が書き込んだ跡があり、この美しい街で、離れた場所の誰かと誰かをこの段ボールがつないだのかと、なんだかロマンチックな気分になりました。心を込めた手紙とかではなく、何気ない業務的な書き込みなのでしょうが、そういうものに人生のひと欠片を感じて大事にしたいと思ってしまうのです。

プラハは街全体が観光地のようなものなので、名所をいろいろ回る、というより、生活感を楽しむことを味わう旅になりました。もしも違う人生があったとしたらこうかもしれない。そんなことを思いながら、ドバイへと向かう空港で、東欧の小さな旅が終わりました。

外へ出ずに財布を作っていたこともあり、4日間の滞在で2個しか段ボールを拾えませんでした。今までだったら落ち込んでいたくらいの少なさです。それでも、いいのです。拾うものが少なければ、その少ないものを大切にすればいい。少し段ボールピッカーとして成熟してきた自分がいました。現地で財布を完成させるという新しいチャレンジの結果作られた財布は、今も大事に取っています。

2/24 – 2/26 2015

CZECH REPUBLIC

チェコ

人生初の東欧はチェコ。
曇天で街全体は暗いイメージだが、
寂しさに負けず、
段ボールを拾い集めた。

PRAGUE

プラハ

「黄金のプラハ」と呼ばれるほど美しい都市。ロマネスク、ゴシックとさまざまな時代の建築物が残っている。プラハを象徴するトラムは、石畳を通るのでカタカタととてもいい音がする。

ビールが安く、大きなピッチャーでも130円くらい(日本円で)。レストランに行けば、みんなお昼から飲んでいる。缶もあるが、瓶が主流で、それらを入れるケースの多くはプラケースだった。

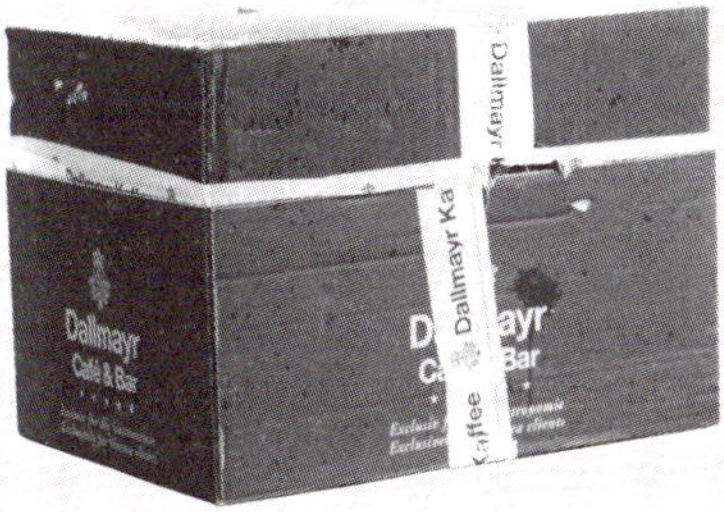

今回は現地で拾った段ボールをその場で財布に作り変えてみた。パーツに切り分ける。

雨降るプラハを夜な夜な歩くと、黒い段ボールが目に付いたので拾った。「Dallmayr」はドイツで創業した老舗のカフェ。各国にあり、日本にも店舗がある。

カード入れのパーツはプラハ地下鉄の路線図を使った。

完成した財布は黒ベースでとてもかっこよくなった。収穫の少なかったプラハなので、大切にしたいと思う。

ヴルタヴァ（モルダウ）川を渡す代表的な橋「カレル橋」を通り、プラハ城へ。プラハ城から眺めると街全体は赤い屋根でかわいかった。

アラブ首長国連邦 ── 2015 WINTER ドバイ

砂に埋もれた段ボール

会社を辞めて、段ボールプロジェクトだけで生活したら、どう変わるのだろう。チェコで感じたような、何も考えずに段ボール財布を丁寧に作ることに集中する幸福な時間ばかりではないのかもしれない。それでも段ボールに人生を賭けられるだろうか。いや、賭けられる。雲の上、空を飛びながら僕はいろんなことを考えていました。飛行機の窓から見える景色が森の緑から一気に砂漠の黄土色になるとすぐ、アラブ首長国連邦のドバイに到着です。着いたのは夕方でした。ドバイは地下鉄が発達していて、空港からの移動も地下鉄で事足ります。入国審査もスムーズでした。

ドバイについて調べて見ると、砂漠の中のオアシスのように、栄えている場所が一極集中していることがわかります。実際にオアシスだった場所が中心地になっているのかもしれません。何か理由がないと、砂漠の真ん中を都市にする決め手がなさそうな気がします。砂場にお城を作る時も、どこに作るかは考えますから。世界で一番高いビル、ブルジュ・ハリファなどの高層ビル群。中心部はショッピングモール。オフィスと飲食店が並んでいます。フードコートでご飯を食べることにします。ドバイにはこれといった郷土料理がなく、チェーン店が多い印象です。ラクダ肉バーガーや中華料理。きっと高級店に行けば違うのでしょうが、安くてうまいものはあまりなさそうです。

中心部のホテルは物理的にも金額的にも高過ぎたので地下鉄で移動して少し郊外のホテルへチェックインします。地下鉄で3、4駅離れた市街地なのですが、中心部の、現実とは思えないほど豪華な建物とは違い、生活が感じられます。段ボールはみんな使っているからなかなかくれないのですが、唯一、ミネラルウォーターの段ボールだけ道端で拾い、カップラーメンをホテルで食べました。世界一きらびやかな街で食べるカップラーメンは、いつもどおりの味がしました。

翌朝、ホテル周辺を段ボール探索に出ます。スーパーに入ると、ミネラルウォーターを中心にたくさんの段ボールと出合えました。どうもドバイはカップ麺が豊富らしく、その段ボールが多くありました。また、当然のことながらイスラム圏は禁酒の戒律があるのでお酒の段ボールは見当たりません。バドワイザーやハイネケンなどもあったのですがノンアルコールを示すNAという表記がついていて、イスラム圏ならではだなと感じました。アルコールが売れないならノンアルコールビールを売る。欧米の酒造メーカーのたくましさを感じます。イスラム圏ではビールの段ボールは見込めないので、ミネラルウォーターやピザなどの食品関連の段ボールに切り替えて拾うことに。それでも、これまでになくアラビア語の段ボールをたくさんもらえて、大きな収穫でした。

夕方からは砂漠ツアーに出発です。中心部から少し行けばすぐに見渡す限りの砂漠が広がります。ランドクルーザーに乗り換え、砂漠をすごい勢いで進んでいきます。走行3時間。砂煙がもうもうと立ち上がり、まさに疾走。スリルのある乗り物でした。

険しい砂漠を抜けると、テントが並ぶ施設のようなものがあります。ここは夜を明かせるスポットになっていて、ラクダに乗れたり、バーベキューが食べられたり、民族舞踊が見られたりという観光センターのような場所です。何もない砂漠でも観光に変えてしまう。人間の力はすごいものだなと思いました。休憩時間に、砂漠を少し散歩します。ザクザクと踏む砂の音が気持ちよく響きます。すると、砂漠の中に無造作に捨てられたミネラルウォーターの段ボールを見つけました。砂漠の色と段ボールの色が同化し、地面に文字が描かれているようでもありました。砂に埋まりかけていた段ボールを眺めながら、このまま風化していくとどうなるんだろう、と考えます。今まで世界のあちこちでいろんな段ボールの捨て方を見たけれど、砂漠の砂に埋もれて消えて行くのは自然なことなのかもしれないと思いました。砂に埋もれた段ボールを拾うとすっかり夜になり、星空の下、砂漠を激走するランドクルーザーでホテルへ帰り着きました。

あの日、何もない砂漠の中で、砂に埋もれていた段ボールを見て、自分も外に出なくてはいけないのかもしれないということを感じました。段ボールへの愛を風化させてはいけない。そのために僕は外に出る。砂に埋もれた段ボール。その出合いは偶然ではなかったのかもしれません。実は、このイスラエル、チェコ、ドバイ、そして次のロシアを巡る旅行の時点で会社を辞めることは決まっていました。残された有給休暇を使っての旅だったのです。会社を辞めて、段ボールで生きていく。僕が行こうとしている未来はオアシスかもしれないし、砂漠かもしれない。砂漠は砂漠で自由です。全身全霊、段ボール。僕の新しい人生が始まろうとしていました。

2/27 — 2/28 2015

UAE

アラブ首長国連邦

**高層ビルが立ち並び、
高級車が行き交う。
富裕層が多く住む
この街での段ボール探しは
少し苦労した。**

DUBAI

ドバイ

ひときわ存在感を放つブルジュ・ハリファがシンボルの高級リゾート地。高層ビルばかりではなく、少し郊外へ行くと庶民的な街が広がっていた。

ブルジュ・ハリファは世界一高いタワー。僕が行った時は事前に予約が必要で、高速エレベーターで最上階へ向かう。上から眺めるといかに何もない土地に突然街ができたかが実感できる。

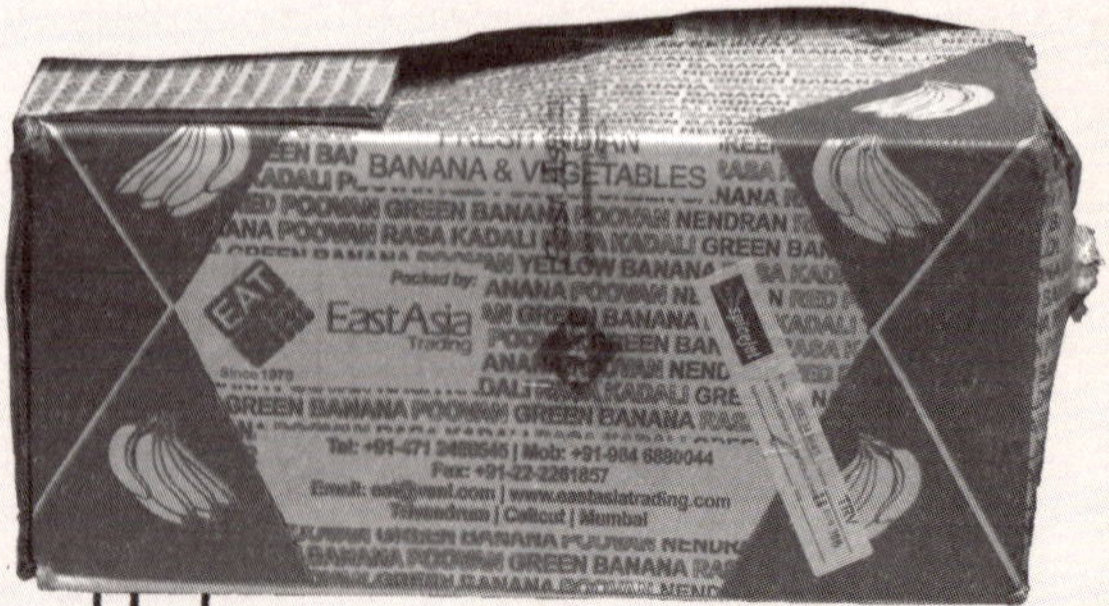

スーパーへ行くと食材がアジアから集められていることがわかる。この段ボールがあるということは、インドからバナナがやって来るようだ。

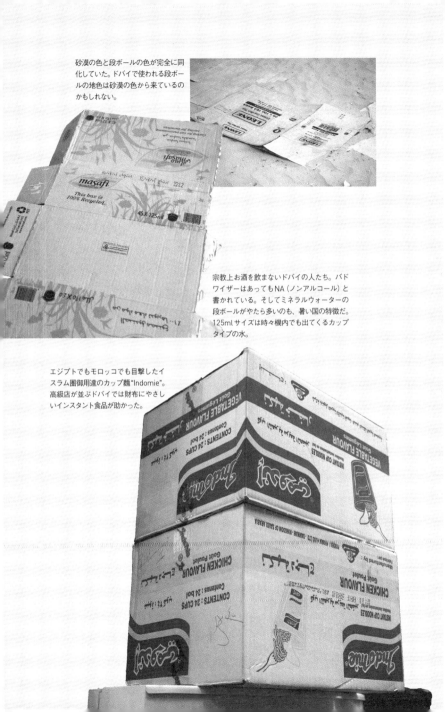

砂漠の色と段ボールの色が完全に同化していた。ドバイで使われる段ボールの地色は砂漠の色から来ているのかもしれない。

宗教上お酒を飲まないドバイの人たち。バドワイザーはあってもNA（ノンアルコール）と書かれている。そしてミネラルウォーターの段ボールがやたら多いのも、暑い国の特徴だ。125mlサイズは時々機内でも出てくるカップタイプの水。

エジプトでもモロッコでも目撃したイスラム圏御用達のカップ麺“Indomie”。高級店が並ぶドバイでは財布にやさしいインスタント食品が助かった。

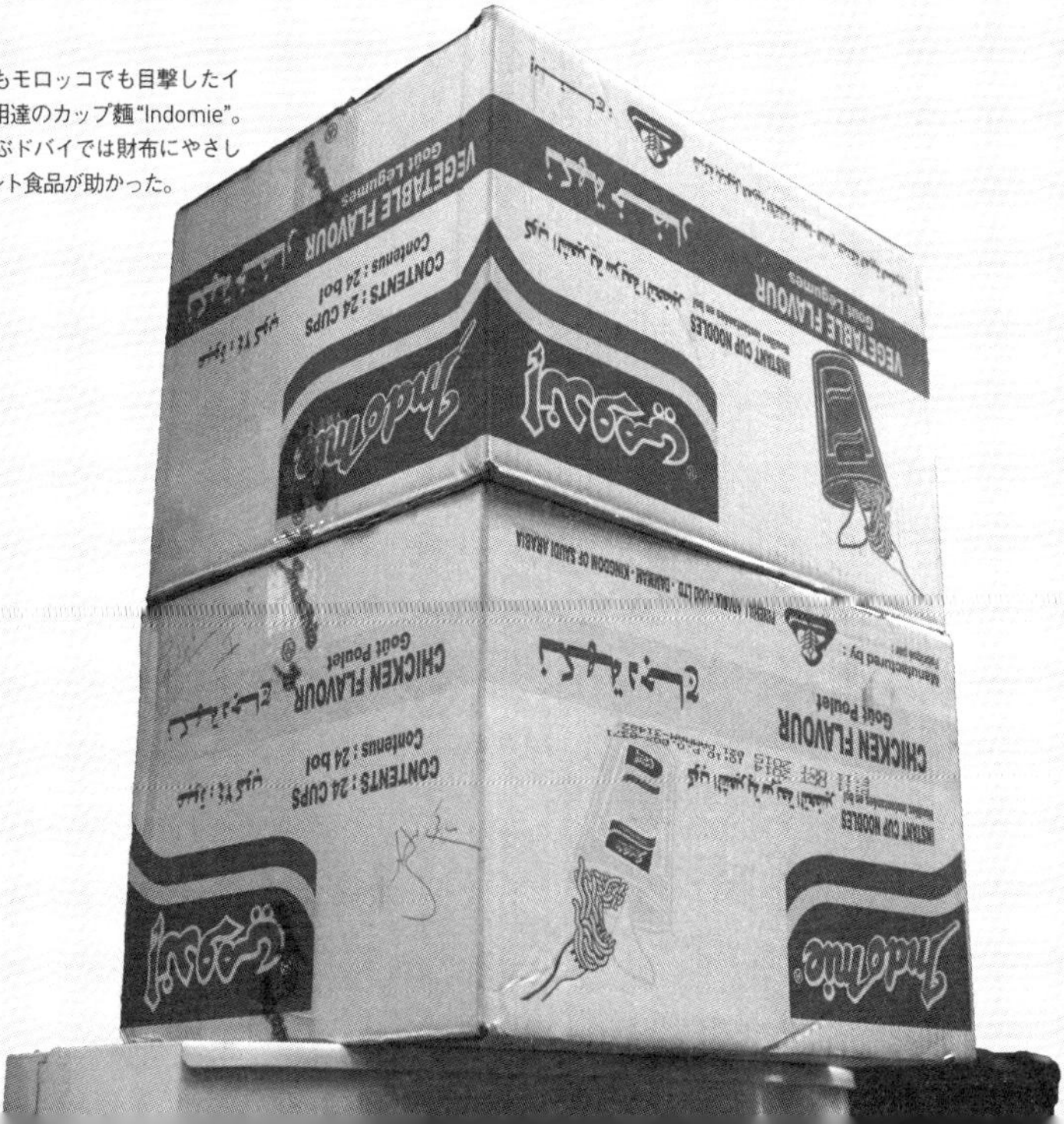

ロシア　2015 WINTER　モスクワ

キリル文字の段ボール

キリル文字を知っていますか。日本では主にロシア語の文字として知られていますが、ブルガリア語やセルビア語にも使われている、かわいらしい文字です。日本だとパソコンの顔文字なんかにもよく使われているので、知らず知らずにみなさんの目にも触れていると思います。僕はこのキリル文字の独特のフォルムが昔から好きで、どうしてもキリル文字がデザインされた段ボールをほしいと思っていました。その憧れの段ボールを求めて、砂漠の国から、氷の国へと飛びました。

黄土色の世界から一気に白く暗い世界へ。ドバイからロシア・モスクワの空港へ到着します。ロシアはただの乗り継ぎだったのですが、乗り継ぎの待ち時間が半日ほどあることを見越し、日本にいる間にビザをロシア大使館で取っていました。大抵の手続きが苦手な僕ですが、そういうことにだけは決して手間を惜しまないのです。段ボールのためなら不思議な力が湧いてきます。冬のロシアで、僕の胸は熱くたぎっていました。さて、モスクワ市街で活動できるのは8時間。この短い時間で段ボールを探さないといけません。憧れてやまないキリル文字の段ボールを求めてタイムアタックの始まりです。

さっそく空港の両替所でお金をルーブルに両替して、市内行きの列車に乗り込みます。列車の窓から見える景色はドバイと違い、明るい光がなく、まったくの曇天。建物もどこか寂しい風情です。建物はチェコに似ていますが、全体としてチェコよりも暗い雰囲気です。目に見えるような重苦しい空気。ドストエフスキーやトルストイなどの重厚なロシア文学がこの国で育まれたのがわかる気がしました。

果たしてこの数時間の滞在で段ボールを見つけられるだろうか。いや、さすがに段ボールのひとつくらいは拾えるだろう。こんな広い国だから、段ボールはたくさんあるに違いない。僕はとても楽観的でした。できればロシアっぽい、ウオッカの段ボールなんかが見つかるといいなと列車に揺られながら、期待を高めていました。

モスクワの地下鉄を駆使して市内を移動します。段ボールが落ちてないかと広大なクレムリン広場や雪解けでびしゃびしゃになった道路を歩きますが、段ボールは落ちていません。たまに見かけたとしても人々が荷物を運ぶ箱として使っているものだったりして、どうにも手に入りません。近くのお土産屋さんでウオッカの段ボールを見つけたのですが、どれも使われていました。あまりデザインも良くなかったです。負け惜しみではありません。タイムリミットは刻々と近づいていました。

散策しながらスーパーに入ることに。スーパーの段ボール置き場は、段ボール探しの基本。焦る時ほど基本が肝心です。しかし、割と輸入物の段ボールが多く、ロシアっぽい段ボールはなかなか見つかりません。冬のロシアは農作物が取れるわけでもないので、段ボールはそう多くないのかもしれません。だんだん弱気になっていきます。

探し求めていたウォッカの段ボールがありましたが、これは箱買い用のものだからといってもらえませんでした。普通のスーパーでウォッカを箱買いするロシア人、恐るべし。ロシアの冬は段ボールピッカーにとって、想像以上に厳しいようです。時間がなくなっている中ですが、腹が減っては段ボールは拾えません。たまたま歩いてるといい感じのレストランがあったので立ち寄ります。ビールとフォカッチャ、ピロシキを食べてみましたが、どれもとても美味しかったです。寒さは温かい食べ物を美味しくしてくれます。そんなことをしている暇はないのですけれど、何かを食べないとやってられない気分だったのです。

その後も、残る時間をかけて段ボールを探しました。キリル文字の段ボールへの情熱だけが僕を衝き動かしていました。そしてついに、タイムリミットが来ました。驚くべきことに、ロシアで段ボールはまったく拾えませんでした。段ボールを1枚も拾えない失意を抱えて帰国へ。抱えるのは憧れ続けたキリル文字の段ボールだったはずなのに。まさか、こんなにも大きな国で、拾えないことがあるなんて。時間は言い訳になりません。自分はまだまだ、未熟だ。ほしい段ボールを手に入れることもままならない。思えば今までの段ボール人生が恵まれすぎていただけかもしれない。そんな思いがぐるぐる頭を巡ります。それでも、会社を辞めて段ボールで生きていくと決めた以上、もう甘えてはいられないのです。

会社を辞めて、次の人生へ進む。段ボールピッカーとして生きていく。これからの人生は何が待ち受けているかわからない。とても難しいことの連続かもしれないけれど、これ以外に道はない。絶対に、いつかキリル文字の段ボールを手に入れる。日本に向かう飛行機の中で僕は決意しました（2年後のブルガリアまで、この悔しさの塊は、僕の心に残り続けることになります）。そしていよいよ、段ボールで生きていく人生の始まりです。

RUSSIA

ロシア

モスクワは乗り継ぎで訪れた。
出国まで8時間。
短期間でどれだけ
段ボールが拾えるか。
ウオッカの段ボールを
期待して街へ出た。

MOSCOW

モスクワ

赤の広場はとても綺麗でゴミが落ちていなかった。通常はクレムリン大聖堂を見ればモスクワ観光は終わりかもしれない。

ウオッカはロシアを代表するお酒。段ボールもお土産屋さんで発見した。しかし豊富にあるわけでなく、見たのもこれとあと2種類ほど。予想外だった。

広場では露店が数店舗あった。段ボールは荷物を運ぶ箱として使われていた。

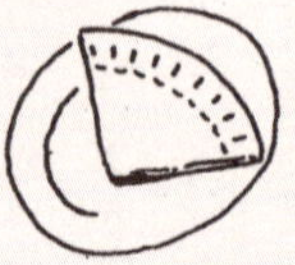

腹が減っては段ボールは拾えぬ。時間がないけどフォカッチャとピロシキを食べた。

ロシアで見た段ボールで印象的なものを強いてあげれば、メイド・イン・チャイナの輸送箱。マークのデザインが細字で珍しかった。

ちょっと寄り道 2

アップサイクルを学ぶ

Learn the upcycle

僕の段ボールアイテムプロジェクトCartonのコンセプトは、「不要なものを、大切なものに」。段ボールの魅力を伝えるワークショップは大事な活動のひとつです。

ある日、渋谷で開催した僕のワークショップに、古い建物を生まれ変わらせるデザインホテルで世界のホテル業界に衝撃を与えた「エースホテル」のトップブランドマネージャーであるライアン・バクスティインさんが参加してくれました。そして段ボールアイテムをとても気に入ってもらい、ペンシルバニア州のエースホテル・ピッツバーグでワークショップに招待されました。エースホテル・ピッツバーグに行って僕は驚きました。ロビーにいるのは、犬の散歩途中の人、子どもと本を読んでいる母親、バーで飲んでいる若者。コーヒーを片手に談笑する夫婦。宿泊客でない地元の人たちがゆっくりくつろいでいるのです。夜はクラブに変身し、夜な夜なライブが行われます。僕のホテルのイメージは、泊まる、くつろぐ場所。

しかしエースホテルはコミュニティであり、カルチャーを分かち合う場所だったのです。廃墟となっていた建物をみんなの居場所に変える。Cartonの「不要なものを、大切なものに」というコンセプトと同じことなんだと気づき、ここに呼ばれた意味が実感できました。そんな素敵なエースホテルのライアンに、今回特別にお話を伺うことができました。

エースホテル ブランドマネージャー／ライアン・バクスティンさんインタビュー

（翻訳・汐巻裕子）

Q 2019年、京都にエースホテルがオープンします。日本のクリエーティブやカルチャー、芸術的なセンスについてなにか感じることはありますか？

アジア初のエースホテルを京都にオープンできることに、本当に全社が興奮しています。日本のデザインや文化的なエートスには長い間多大なる影響を受けてきました。モノやコトの大小に関わらず、どんなレベルの芸術にも、繊細な気配りがあります。もう何年もエースホテルを日本に根ざすべく計画してきましたから、まさに夢が叶ったという思いです。日本建築の巨匠とコラボレーションし、建物の外観も内部も私たちのレンズを通して吟味したエースホテル京都が、他にはない空間になり、日本の文化や繊細さを最大に活かしたおもてなしで、旅行者や地元の人の「愉しみ」の空間となることを心待ちにしています。

Q Carton のワークショップに参加したきっかけは？

日本人の友人から島津さんの活動のことや映画について以前から聞いていたのです。彼が発信していることはとても素晴らしいと思っていました。出張で東京に行くタイミングで偶然にもワークショップが開催されると聞き、本人に会える機会を逃すわけにはいかないと思い参加しました。

Q Carton のワークショップに参加した感想はいかがでしたか？

あれは最高の体験でした。ワークショップを通して「素材」や「文化」「デザイン」「クラフト」について多くを学びました。捨てられていた素材がどのように活用されるのか。決して高価ではないマテリアルを使ったアプローチは、工芸ジャンルにおいて最高レベルのアートだと思います。バランスが素晴らしいし、島津さんが長年かけて磨きあげた傑作だと思います。

Q　エースホテル・ピッツバーグについて教えてください。

エースホテル・ピッツバーグはイースト・リバティ地区にあった100年以上前のYMCAのビルです。かつては街の中心となるビルでした。そんな温かいスペースを、街の人が誰でも気軽に利用できる場所として蘇らせたかったんです。ホテルづくりにおいても、できるだけオリジナルの良さを活かしました。島津さんのワークショップが行われたThe Gymは、もともと体育館だった建物をそのままの形でホールとして利用しています。レトロな金色のオーナメントや高窓が印象的ですよね。今ではこのホテルは、ピッツバーグが産業とスポーツで栄えた街であったことの歴史として、そして真摯でまじめな住人たちの憩いの場として、存在感を放っています。

Q　エースホテル・ピッツバーグでのCartonのワー

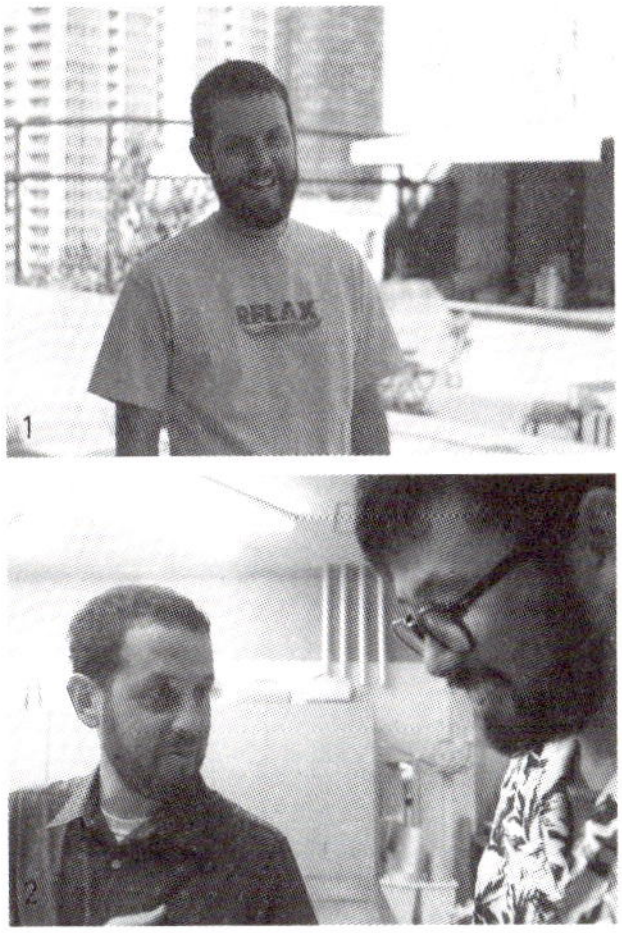

1. エースホテル ブランドマネージャー/ライアン・バクステインさん 2. 渋谷で開催した島津さんのワークショップに参加。

クショップはいかがでしたか？

島津さんの作品が、ピッツバーグのコミュニティと親和性が高いことは初めからわかっていました。ですので、逆に島津さんが「City of Champions」と言われるピッツバーグの街から何かインスピレーションを受け取ってもらいたいと思って招待したんです。ワークショップの参加者にはすごく評判が良かったです。参加者全員が島津さんのプロジェクトをじっくりと味わいました。自分の街で拾った段ボールで、自分の手を動かして何かを作るというワークショップを通じて新しい工芸のあり方を発見してくれた様子でした。近年はデジタル過多の時代です。ときどきでもいいからデジタルから離れ、コミュニティの活動に身を置いてみることは、とても有意義なことではないでしょうか。みんな島津さんの丁寧なプロセスとそれを貫くコンセプトにしっかりと刺激を受けたようでした。

Q エースホテルはどんな都市を選んでオープンしているのでしょうか？

常に強烈な個性をもった空気感のある街を選んでいます。風変わりな表情があり、新しさを包容でき

1. 段ボール財布作りに真剣に取り組んでいる。2. ヤキソバの段ボール財布にご満悦のライアンさん。

る街です。街探しは、いつもその街そのものを観察し、地元のパートナーたちと協業するところから始まります。たとえばNPO団体やギャラリー、アーティスト、キュレーターなどといった協力者たちです。地元を愛し、その情熱をさらに進化させ、旅行者と共有することに喜びを感じてくれるパートナーが重要なのです。私たちの目的はその地域を変えることではありません。その地域に根ざすコミュニティの中心のプラットフォームとなること、そしてその街をダイナミックに味わい尽くす方法を提案することです。つまり、変化は歓迎しつつ、もともとあるコミュニティと独自の文化を、かつてないほど活性化することが最大の目標なのです。

Q エースホテルはアップサイクルのお手本だと思います。あなたにとってのアップサイクルを教えてください。

私にとってのアップサイクルとは、社会的価値や経済的価値を失ったものが、もともとの意義を超える形で新しく蘇ることだと考えています。エースホテルは、歴史的な古いビルをアップサイクルして建てられたものばかりです。それらの歴史的なビルを単に以前の輝きを取り戻そうと修復するのではなく、新たな使い方ができる新しい建造物として活性化するのです。主な目的はその地域、コミュニティが集まる中心の「場」を作ること、その町のダイナミズムを味わえる空間を提供することです。小さな視点では、置かれている家具なども、もともとあった素材を再活用し、なにか新しくて有用なものに生まれ変わらせるというコンセプトを貫いています。

Q アメリカでのアップサイクルのトレンドを教えてください。

アメリカには、DIYによるアップサイクルの長い歴史があると思います。それが現代では、個人、アーティスト、工場、企業や研究所などで積極的に採用されています。最近エースホテルは、ロサンゼルスの企業「EVERYBODY. WORLD」と提携しました。エースホテルで使用済となり廃棄処分されるタオルやベッドリネンから、新しく服やトラベルグッズを作るブランドです。ファブリックのゴミからA.P.C.とクールなブランケットも作っています。特にファッションや家具の分野でアップサイクルが盛んになっていると思います。

Q 段ボール財布とエースホテルに共通するものは何でしょう？

島津さんとは、ものの価値、という点において多くの考えを共有していると思います。クラフトマンシップを大切にし、そのままでは魅力のない素材に対する深い考察をもとに、既存のものに新しい息吹を吹き込んでいます。エースホテルはその土地にコミュニティを築くことを念頭に置きつつ、その土地の人々や街並みを一緒に愛する空間づくりを目指しています。どのようにそれを実現するかというと、まずは好奇心、思いもよらない場所への実験的なアプローチ、そして、そこから魅力を見つけ出すことです。

島津さんの段ボール財布は、このエースホテルのシンプルかつ繊細なコンセプト、イマジネーションと創造性を貫くスタイルと完全に合致しています。彼は段ボールという素材を使い勝手がよく、美しく、かつ新しい何かに生まれ変わらせることができるアーティストです。私たちはハードワーク、強い意志といったアーティストとしての姿勢こそが世の中に喜びを生むと考えています。島津さんのワークショップには、私たちと同じ哲学を感じました。

決意のフリーランス

2016-

フィリピン ― 2016 SUMMER ダバオ、マニラ

フィリピンにバナナの段ボールはない

いよいよ、独立。段ボールで生きていく毎日が始まりました。夢と希望と、少しの不安と大量の段ボールを持って、大海原へ漕ぎ出したのです。段ボールアイテムのワークショップや展示販売など、僕の生活を支えるものはすべて段ボール。学生でも会社員でもなくなった僕は、これまで以上に段ボールについて真剣に向き合う必要がありました。僕が大海原へ漕ぎ出したその船は、段ボールの船なわけですから。

独立後初めての旅は、フィリピンのマニラへ。フィリピンといえば、バナナ。バナナといえばフィリピンです。日本の果物市場に行けば、有名なドール社をはじめたくさんの種類の

バナナの段ボールを見ます。外国産バナナの入っている段ボールのデザインはどれもかわいい。原色系の鮮やかな色彩が多いのは、南国の雰囲気を伝えるためでしょうか。原産地のフィリピンに行けば、もっとたくさんのバナナの段ボールがあるはず。タガログ語のものとか、フィリピンならではの段ボールを求めて、僕は旅に出ました。

成田空港からフィリピンの首都マニラに到着、さっそく街を歩くことに。そして、すぐに気づきました。バナナが売られていない、バナナの段ボールもないのです。市場に行くと、中国産のりんご、野菜など輸入された食べ物ばかり。バナナが売られている様子はありませんでした。その現実が受け入れられず、しばらく市場をふらふらと歩きます。

「頑張れよ！」「後悔しないようにな！」「応援してるからな！」会社を辞めるにあたり励ましてくれた同僚の顔が浮かびます。ごめんなさい。段ボールどころか、バナナも見つかっていません。独立後初めての旅なのに。段ボール人生はこれからだというのに。フィリピンのみなさん！なぜバナナを食べないのですか！叫びたくなる気持ちでした。いや、心の中では叫んでしまいました。

失意の中、市場の片隅に中古の段ボールの量り売りを見かけました。1kg 4ペソ（日本円で約10円）という価格設定でしたが、どれも地味で食指が動きません。公然と売られている段ボールにはあまり興味がないのです。本当に興味があるのは、人から人の手にわたり、その役目を終えた段ボール。結局、バナナの段ボールは見つからず、果物市場を後にしました。

町を歩いていると、段ボールやペットボトルをたくさん集めて歩いている人を多く見かけました。彼らはスカベンジャーと呼ばれ、集めた資源をお金に換金することで生活しています。途上国ではリサイクルの仕組みや処理方法が確立されていないため、スラム街のスモーキー・マウンテンに代表されるような、無秩序な廃棄が行われています。海や川に投棄してしまい、深刻な水質汚染や、生物への影響がでている地域も多くあると聞きます。このような国で資源ゴミを回収する手段は、公共のサービスではなく、資源を集めて換金する人々なのです。しかし、その報酬は安く、対価としての賃金は割に合わない気がします。

さて、気を取り直して段ボールを求めスーパーへ向かいます。もはやバナナじゃなくていい。段ボールがほしい。なりふり構っていられません。そして、段ボール置き場にいくつか見つけることができました。選んでいると、店員さんから声を掛けられ、段ボールの数だけ清算することに。やはりこの国では段ボールは買うもののようです。悔しいけれども、段ボール欲に負け、お金を出して段ボールを手に入れました。

空腹を満たすために行ったのは、ジョリビー。現地では大人気のハンバーガーチェーンです。日本ではこのジョリビーの味を悪くいう人もいるのですが、正直、僕はバーガーもチキンも結構好きでした。むしろ、美味しいと思います。

マニラではバナナの段ボールを拾えないので、ミンダナオ島のダバオという地域に向かうことに。飛行機で2〜3時間ほどです。ここはフィリピンの中でもバナナの名産地として知られているエリアで、プランテーションがたくさんあります。ここなら、確実にバナナに出合えるはず。ダバオの市場に行くと、ポメロというグレープフルーツに似た柑橘系の果実の方が人気でした。

ようやくバナナを見つけました。日本で見るバナナと違い短く、小さいのも意外でした。しかし、バナナは段ボールではなく麻袋に詰められていました。麻袋は何度も繰り返して使えるため、効率的な流通に適しています。熟れる前のバナナは皮がしっかりしているので潰れにくく、箱で保護する必要もないのでしょう。バナナの多くは麻袋に詰められてプランテーションから直接国外に運ばれて行きます。つまり、僕が日本の市場で見たのは、外国に輸出するための段ボールで、高級品の証。現地では段ボール箱をほとんど使わないため、もらえなかったのです。生産と流通は分断されていて、日本とは事情が違う。そのことを僕はフィリピンで学びました。

どこかにひとつくらいは落ちているだろうと、道端でやっと見つけたバナナの段ボールは、アリの巣になっていました。僕はその段ボールをしばらくの間じっと見つめていましたが、それを拾うことはできませんでした。アリたちのためにも。段ボールで生活するアリに自分を重ねていたのかもしれません。

しかし、まだ望みを捨ててはいません。プランテーションならばあるに違いないと考えながら、ホテルの近くの食堂で食事をしていると、15歳くらいに見える店員の男の子が声を掛けて来ました。少年は、昼間はここで働きながら、夜はこの近くのバーでダンサーをやっているそうです。僕が日本から段ボールを探しに来たと言うと、とても驚いていましたが、段ボール財布を見せると、かっこいいと褒めてくれました。これからバナナのプランテーションに行くつもりだと伝えると「危ないよ」と言われました。途中、紛争地域を通過しなければならないからだそうです。でも、バナナの段ボールのために来たから、行かないといけないんだ。そう言いながら、段ボール財布をその少年にプレゼントしました。危険を案じてくれたこの人懐っこい少年に、僕の段ボール財布を持っていてもらいたい。なんだかそれがとても正しいことのような気がしたのです。

プランテーションに行けばバナナの段ボールが拾える可能性が高い。その期待を抱き、バナナで有名なドール社の営業所へ。ダバオ市内から少し郊外、タクシーで30分ほどでした。ホテルでタクシーを呼んでもらい、ドライバーさんにはドールへ行きたいと伝えます。正門をくぐると、雰囲気はがらっと変わり、大きな庭園に囲まれた綺麗な場所でした。テニスコートもありました。ドールの社員はだいぶ快適な生活をしていそうです。僕は車を降り、受付でプランテーションを見学したいのですが、どうすればいいかと相談しました。しかし、受付の人に英語が通じませんでした。その様子を見ていたドライバーがちょっとおかしいと思ったのでしょうか、車から降りてきて事情をフィリピン語で通訳してくれました。すると受付の人から、長ズボンを穿いてこの日時に来なさい、というロールプレイングゲームのような指示を受けました。長ズボンを持っていなかった僕はスーパーへ行き、一番安い長ズボンを買いました。

長ズボンを装備した僕は再度、ドールの営業所へ出向きました。受付の人に約束を伝えたのですが、面会は結局断られました。言われた通り長ズボンなのに。理由もわからず、僕は立ち尽くすしかありませんでした。開いていたと思っていた門は、門ではなくて壁でした。しかし、今思えば、その時は「長ズボン」を安全面の目的だと思っていたのですが、実は、ちゃんとした格好をしてから来なさいという意味だったのかもしれません。それも今となっては、わからない。答えはバナナの皮の中です。

確かに、突然異国からやって来て段ボールをくださいと言う人がいたら怪しいというか戸惑う気持ちはわかります。ちゃんとした知り合いがいて、身分を証明してくれないとダメだなと思いました。あまりにも突撃すぎたのです。独立して一人になったからこそ、人のつながりを大事にしなくちゃいけない。当たり前だけど大切なことに気づきました。

僕は少し現実逃避したくなって、ダバオから船で2〜3時間でいけるリゾート地タリカッド島へ向かいました。途中に通るサマル島は、アブ・サヤフというテロ組織がホテルで外国人観光客を拉致し殺害したテロが起きたばかりでした。ダバオはやはり危険な地域なのです。しかし、青い海からは残忍な事件は微塵も感じさせません。

ビーチで休んでいると少年が話しかけてきて、仲良くなって家族の食事に誘ってくれました。美しい海を前にして砂浜で食べる現地の人の手料理、ものすごく美味しかったです。バナナの段ボールを手に入れる方法を聞いたのですが、ジャンクショップで買うのがいいと言われました。やはり簡単には拾えない、基本的に買うものなのだと思い知ります。ダバオの港で感謝を伝えながらそのグループと別れました。フィリピンの人はみんな本当にやさしくフレンドリーです。カメラを向けると皆ポーズを決めてきます。歩いているとジャンクショップを見つけたので、バナナの段ボールを探しましたが、見つかりませんでした。ダパオを出た翌日、泊まっていたホテルのそばで爆発事故が起きたことを知りました。少年と会話をしたレストランの周辺が爆発現場でした。段ボールの財布をあげた少年は無事だろうか。少年が生きていますように。無事でいますように。爆発のニュースを知った瞬間、強くそう思いました。その後、フェイスブックに無事だったという連絡があり、胸をなでおろしました。連絡がなければ僕はずっと心配し続けていたでしょう。少年の言うとおり、ミンダナオ島は宗教的な紛争地域になっていて、テロ事件が多い場所なのです。

結局、バナナの段ボールは日本に持ち帰れませんでした。でも、段ボールの流通の仕組みがわかりました。フィリピンの教訓はこれから先に生きていくのだと思います。そして一番の学びは、フィリピンの人のやさしさと明るさ。特にあの少年の人懐こさはなかなか真似できないけれど、僕も学ぼうと思います。

今夜も彼は踊るだろうか。今も段ボール財布を使ってくれているだろうか。いつかまた、会いたいなと思います。新しい財布を持って。

MANILA

THE PHILIPPINES

フィリピン共和国

8/26 - 9/1 2016

日本でよく見かける
バナナの段ボール。
フィリピン産も多く、
バナナの段ボールを求めて旅した。

MANILA

マニラ

急成長する国際都市、首都マニラは人や車でごった返していた。スペイン統治時代の面影を残す建物があった。

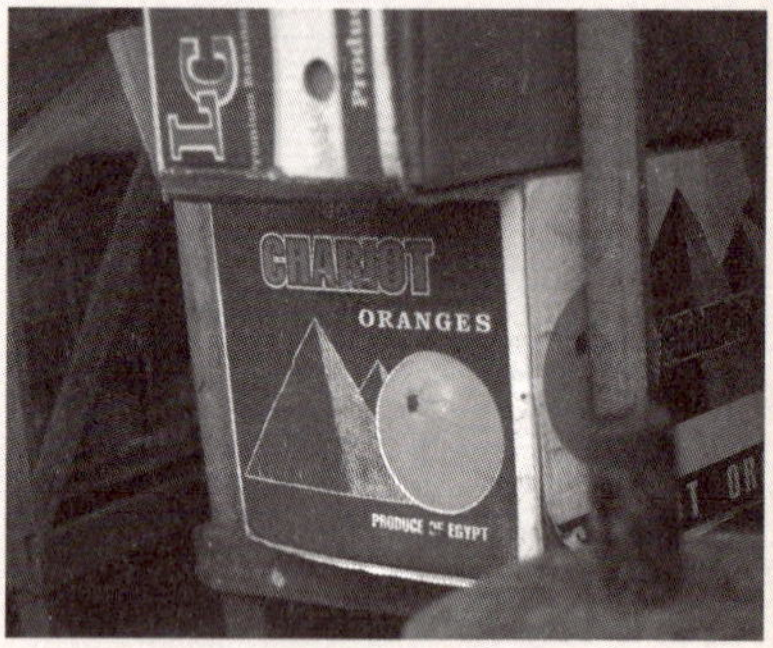

なかなか珍しいエジプト産の果物の段ボール。ピラミッドの絵が書かれていて、オレンジにしては色のトーンは暗め。すごくほしかったけど使われてしまっていた。

露店で販売しているフルーツなどの値段表がどこも段ボールを使っていて、個性があって面白かった。フィリピンではそんな段ボールの値段表もコレクションしていた。

ポメロというダバオで人気の柑橘類。大きいわりに果肉は少なく、グレープフルーツと味は変わらない。

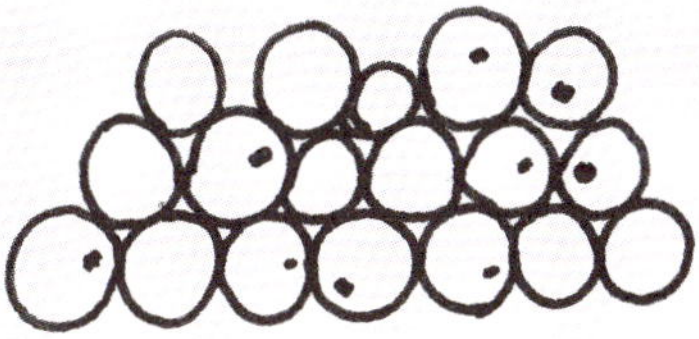

POMELO

フィリピンでも古紙は大切な資源として扱われている。ダバオでは段ボールをトラック山積みにして古紙業者へ輸送する途中だった。

Nagoyaというロゴの入ったイワシのトマトソース。名古屋とどういう関係があるかは不明。

DAVAO
ダバオ

ダバオの基幹産業は農業。国内外に販売するバナナ、パイナップル、コーヒーなどを栽培。巨大プランテーションが広がっている。

DAVAO

定食屋で1人で食べていると話しかけてきた少年。記念に財布をプレゼント。その翌日にダバオではテロ事件が発生した。少年はフェイスブックで生存が確認された。

モロッコ

2016 AUTUMN
マラケシュ、メルズーガ、フェズ、カサブランカ

段ボール人生に乾杯！

人類が生まれた母なる大陸、アフリカ。経済発展の最後のフロンティア。まだ行ったことのない大陸、アフリカにはどんな段ボールがあるのだろうか。どんな風が吹いていて、どんな匂いがするのだろうか。まったく想像ができない。でも、わからないからこそ、ロマンがある。新たなロマンと段ボールを求めて、初めてのアフリカに行くことに決めました。

行き先に選んだのはモロッコ。ジブラルタル海峡を挟んでスペインがあります。エミレーツ航空に乗り、ドバイ経由で到着。空港からは車でカサブランカの駅へ。「君の瞳に乾杯」というセリフで有名な映画のタイトルにもなった街です。カサブランカはスペイン語で白い

家という名の通り、白い家が並ぶ美しい街並み。ここから列車でマラケシュへ向かいます。モロッコは鉄道が発達していて、主要都市を鉄道で移動できるのがいいところです。

駅の売店のそばにいくつか段ボールを見かけましたが、タバコやお菓子といったどこにでもありそうな感じのものでした。僕はこの大陸に、もっとロマンを感じる段ボールとの出合いを求めているので、その段ボールを後に残し、列車へと向かいました。

今回のモロッコ旅行には、段ボールを拾うとは別にテーマがありました。それはフランス以来4年ぶりとなる段ボールピンホールカメラへの挑戦。モロッコのカラッと晴れた空、強い陽射しと赤茶色の土に、強いコントラストの写真を期待できると思いました。以前に使った白黒写真乳剤は廃盤となっていましたが、運良く海外のショッピングサイトで発見し、無事、手に入れられました。段ボールから見た景色を段ボールに焼き付ける。今度はもっとうまくできるはず。昼過ぎの列車に乗り、マラケシュの駅に着いた頃にはすっかり夜になっていました。その足で市場へ段ボールを探しに向かいます。マラケシュの有名なフナ広場で見かける段ボールはどれもアラビア語が使われていて異国ロマンを感じます。運良く何枚か拾うことが出来ました。夕食にはホテルの上で地元の名物、タジン鍋を食べました。

翌日はさっそくサハラへ、世界一大きい砂漠を見に行くことに。車移動なので、途中の休憩の売店でも段ボールを探す計画です。サハラ砂漠の手前の町、メルズーガで小さな市場に立ち寄りました。たくさんの段ボールがあったのですが、どれも市場の人に使われていて、なかなかもらうことは出来ませんでした。砂漠とヤシの木が描かれたタオルの段ボールを発見。タオルはターバンの素材に使われるようです。なんとかほしいとお願いすると、わざわざ中に入っていたタオルを取り出して空箱を僕にくれました。あまりにも嬉しくて、思わず記念撮影を。とても不思議そうな目で見られました。まあ、慣れていますから平気です。

いよいよ車はサハラ砂漠へ。ゴツゴツとした岩肌の向こうに、金色に光る一面の砂地が見えました。砂漠の入り口からはラクダで砂漠の奥へ進みます。サハラ砂漠は本当に静かで、人生で初めて完全な無音の世界を体験しました。何も音がない世界。まったくの空白。すごく集中している時のような感覚。遠くで微かに風が吹き、砂が動く音がしてその静寂は破れました。その夜は、砂漠にある休憩所で一泊することに。夜空を見上げ、天の川は本当に川だったんだということを知りました。太い光の帯が空を端から端まで横断しているのです。サハラ砂漠でのんびり星を見る。これをロマンチックと言わずして、何をロマンチックと言いましょう。星降る夜は明け、メルズーガを出発してフェズへ向かいました。

広大なアフリカの大地を自動車はひたすら走ります。フェズの町はとても賑わっていました。小さな路地のマーケットもあって、人々の暮らしを垣間見ることが出来ました。４日間の行程でしたが、ドライバーさんは交代することなくずっとひとりで運転しました。この間、各所で段ボールピンホールカメラを敢行しました。撮れているかどうかは日本に帰ってからのお楽しみです。フェズからは鉄道でカサブランカへ向かいます。モロッコ最大の都市とあって、近代的な街並みです。トラムでスーパーなどを巡り段ボールを探しました。ベルベル語というモロッコで話されている言語が印字された段ボールが最大の収穫でした。また、モロッコではオイルの段ボールを多く見かけました。食用のオリーブオイルのほか、美容大国といわれるだけあって、ボディオイルの段ボールが多くありました。ドバイでは思うように拾えなかった洗練されたアラビア語のダンボールが、何種類も手に入りました。この旅を経て、僕は新品の段ボールにあまり興味がないということを改めて強く感じました。使い古されている段ボールが、どういう旅をしてここにやって来たのか、そのストーリーが僕の心を動かします。そこにはやはり、ロマンがあると思うのです。

日本に帰って現像した数年ぶりの段ボールピンホールカメラは、相変わらずの低い成功率でしたが、５枚ほど写っているものがありました。ロマンあふれる旅を経て、これからも段ボールにロマンを求め続けようと思いました。僕の段ボール人生に、乾杯。

9/24—10/5 2016

MOROCCO

モロッコ

FES

初のアフリカ大陸、モロッコ。
イスラム系の国なので、
アラビックな段ボールとの
出合いが楽しみだった。

Fez

フェズ

迷宮都市として知られるフェズ。クッキーやスナックなど食品関連の段ボールが多かった。トライデントガムの段ボールを拾った。

メルズーカでタオルの段ボールを潔く譲ってくれたおじさん。段ボールと記念写真で内心は不思議がっているに違いない。

休憩で立ち寄ったマーケットでは日用品の段ボールを多く見かけた。とくに美容や食用のオイルが多いのがモロッコの特徴といえる。こちらもオイルの段ボール。

MERZOUGA

MERZOUGA

メルズーガ

サハラ砂漠に面したベルベル人が多く住む村。サハラ砂漠で過ごした感動的な一夜を過ごした後、フェズへ向け広大なアフリカの大地を自動車がひたすら走った。

CASABLANCA

カサブランカ

映画『カサブランカ』で有名なモロッコの中心地。主要都市を結ぶ鉄道がモロッコは便利。指定席のチケットを買っても、なぜか座席に誰かが座っていることが。

ベルベル語も併記されている珍しい段ボール。カサブランカのスーパーにて。

CASABLANCA

タジン鍋はモロッコを代表する郷土料理。スパイシーで少し甘辛いお肉とクスクスがマッチしている。

MARRAKESH

マラケシュ

古来より栄えてきたエネルギッシュな街。色合いがとてもステキな段ボールを拾った。

MARRAKESH

フランス語とイスラム語併記の段ボールがこの国の特徴のひとつ。

サハラ砂漠はラクダで約3時間旅をできるツアーがある。当然砂漠には段ボールは落ちていない。

ドイツ グッドデザインは環境に配慮する

2017 SPRING ライプチヒ

ドイツがとにかく好きなんです。特に、ドイツの工業製品が。真面目な人が真面目に作った雰囲気。職人としての妥協のないものづくり。メイド・イン・ジャーマニーと書かれているものを見るとつい買ってしまうくらいです。あの国のプロダクトデザイナーには、昔からずっと憧れを抱いています。特に尊敬しているのが、ディター・ラムス。工業デザインにおける機能主義派を代表する人物です。家電メーカーのブラウン社のデザイン部門に勤め、まったくもって無駄がないクリーンなデザインで、家電業界のデザインに新しい流れを生みました。代表作のラジオレコードプレーヤー「ＳＫ‐４レコード」をはじめ、彼の作った家電製品はニューヨーク近代美術館（ＭＯＭＡ）などに飾られているほどです。今もブラウン社のオーディオはとんでもないプレミア価格で取引されていると聞きます。

「良いデザインは可能な限りデザインをしない」――これはラムスの言葉です。僕が言ったら怠け者のたわごとに聞こえますが、ラムスが言うと違います。大切なことはきっとシンプルなのです。そのシンプルさを守ることが難しいのです。シンプルなことを、シンプルなままにすることができる。それがラムスのすごさなのです。

段ボール財布もひとつのプロダクトデザインです。ラムスには遠く及びませんが、「グッドデザインは環境に配慮する」というラムスの言葉は僕に勇気をくれました。実際にラムスのデザインは、長く愛され続けることでゴミを減らしていると思います。長持ちする良さ、それはドイツのプロダクトに共通して言えることかもしれません。僕も長く愛され、時間の経過が味わいになる段ボール財布を作りたいと思っています。その憧れのドイツで段ボール財布のワークショップをしないかという誘いがあり、喜び勇んで旅立ちました。ベルリンの空港から、旧東ドイツの中でベルリンに次ぐ大都市ライプチヒへ。ワーグナーが生まれ、シューマンやバッハ、ゲーテやニーチェが学んだ歴史ある街です。その風景は、驚くほど想像通りでした。家にドイツ製の模型を集めていたのですが、街並みを見て、ずっと模型で見ていた電車やバスなどの乗り物が実物大に巨大化して走っていることに感動してしまいました。ライプチヒはドイツの中でも東側にあるため、シリアやトルコからの移民も多い都市です。スーパーにはトルコ語の文字が書かれた段ボールがたくさんありました。また、スーパーにはプラスチックケースを積み込んだ自前のリヤカーを持ち込んでいる人が何人もいました。商品をそこに入れて買い物をし、そのまま持ち帰ります。買い物袋をまったく使わないエコな買い方です。さすが環境先進国、ドイツです。商品棚には国旗の色なのか、赤色の段ボールが多い印象でした。ドイツといえばビールですが、缶ではなく瓶で売られているものがほとんどでした。瓶を入れるとその場でユーロが出てくる機械がスーパーにあって、これは、みんな持ってくるよなと思いました。

事件は翌日に起きました。泊まったシェアハウスの荷物置き場に僕はリュックサックを置いていました。そこに、財布を入れ忘れていたのです。朝、起きてリュックを見てみると、財布の中から500ユーロほどが盗まれていました。被害総額500ユーロの大事件です。出入り口を封鎖して「犯人はこの中にいる！」と叫びたい気分でした。

ワークショップの冒頭、集まった人々にお金を盗まれた経緯を話して、哀れな僕に寄付をしてくださいと冗談交じりにお願いしました。ワークショップの講師が参加者に自らへの募金を呼びかけるという前代未聞のトライでしたが、子どもが段ボールの切れ端に1000ユーロとか500ユーロと書いて渡してくれました。子どもたちのかわいさに、お金を盗まれた辛さは跡形もなく消えてしまいました。そう、僕はあの500ユーロで、この段ボールを買ったのです。そういうことに決めたのです。それは今も大切な段ボールです。

段ボール財布づくりのワークショップでは、漢字や招き猫が書かれた日本のものが人気でした。今回のワークショップには小さな子どもたちも参加してくれていました。ドイツは小さい頃から環境教育が熱心なようです。リサイクルの先にある、アップサイクルがひとつのトレンドになっていると聞きました。工業国のドイツは環境対策の長い歴史の中で、リサイクルだけでは満足できなくなっているのかもしれません。この流れはきっと日本にもやってくる。日本でますます頑張らなくては。そういう希望を持てました。悲しい事件もあったけれど、デザイン的にも、環境意識的にも、やはり尊敬する国です。

“Weniger, aber besser” ――これはディター・ラムスの言葉です。意味は、「より少なく、しかし、よりよく」。デザインにも、環境にも、大きな意味を持つ言葉だと思います。彼のプロダクトは家には置けないけれど、彼の言葉はいつも心に留めています。

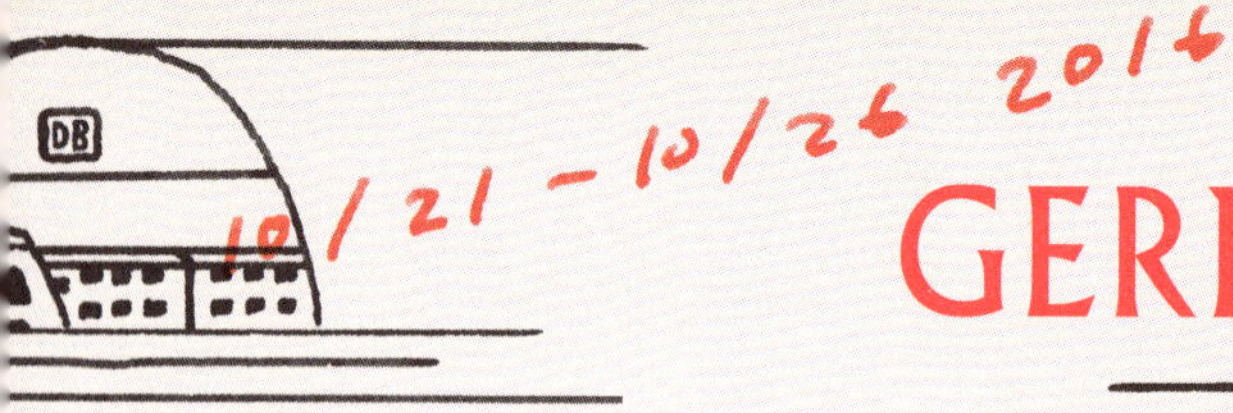

GERMANY

ドイツ

憧れのドイツへ、
ワークショップ開催のため訪れた。
ベルリンからバスで約3時間、
ライプチヒへ到着した。

LEIPZIG

ライプチヒ

トラムが街を走っていて風情があった。文化の都ライプチヒはバッハ、メンデルスゾーンなど多くの音楽家が活動の拠点とした芸術にゆかりのある都市のひとつだ。

ライプチヒ市内のスーパーを周り段ボール集め。リヤカーは自転車にもつけられ、段ボール集めにはとても便利。日本でも実践したいと思った。

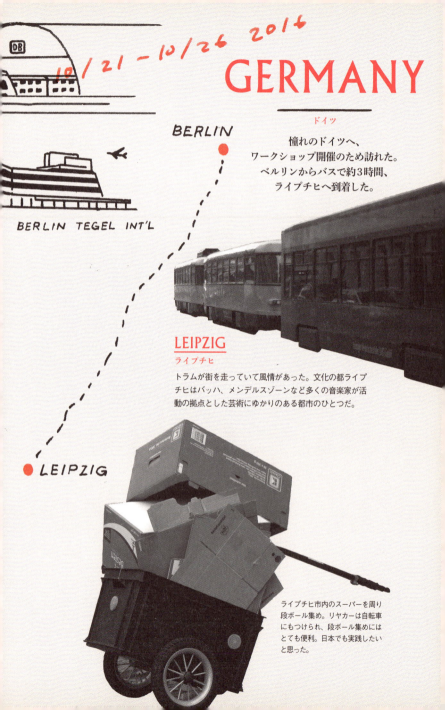

たくさんの段ボールを持って、キャリーケースに詰めて持って帰る。無事日本に持って帰れたときが一番ほっとする瞬間だ。

僕の滞在している地域はケバブ屋さんが多く、トルコ系やシリア系の移民たちがお店を開いていた。どれも美味しいケバブだった。段ボールもトルコ系の段ボールが多く、今の状況を反映していた。よく見る段ボールに「KOSKA」というロゴを見た。これは日本で言うゆべしで、グミみたいなグニャグニャしたお菓子を作っているメーカー。

お金を盗まれ、困っていることを伝えると、少年たちは段ボールにお金を書いてくれた。お金より大切かもしれない。

ワークショップでは日本の段ボールも持参したところ大人気だった。

ブルガリア｜2017 SPRING ソフィア

奇跡の段ボール・オブ・ザ・イヤー

ロシアでの敗北を覚えているでしょうか。憧れのキリル文字の段ボールを求めて行ったロシアで、ひとつもロシア語の段ボールが手に入らなかったあのロシアを。

どうしても僕はキリル文字を諦めることはできませんでした。日に日に思いは募るばかり。しかし、ロシアにはトラウマがある。そこで、ブルガリアに狙いを定めました。ヨーグルトで有名な国です。何はなくともヨーグルトの段ボールがあるはず。ブルガリアにヨーグルト以外に何があるかって？　それは、行ってからのお楽しみです。

成田空港からフランクフルトを経由しブルガリアへ。窓から見えるブルガリアの街は、青空と緑とオレンジ色の屋根のコントラストがとても鮮やかでした。ここは灰色のロシアとは違う。期待が高まります。首都ソフィアの空港に降り立ち、エアポートリンクで市内のアパートへ。近くのスーパーで夜食用の素材を買い、パスタを自炊。我ながらひどい味でした。

翌日は朝から市内で段ボール探し。歩いていると、段ボールが山のようにつまった段ボールの山を発見しました。満面の笑みで物色していると笑顔のおばあさんがスマホで写真を撮りながら近づいてきて、何してるの？　と英語で質問してきました。片言の英語で「段ボールを集めて、財布を作っている」と説明すると、さらにどこの国から来たのかと聞いてきます。「日本」と答えると、妙に納得した様子で、「あなたは道端に落ちてるゴミに興味があるってことね。そういう人はブルガルアにはいないわね」と言ってニコニコして去って行きました。

何軒かスーパーや出店を巡ります。段ボールは見つかるのですが、ブルガリア語だと思って手に取ると、多くはギリシャ語やトルコ語。農産物が隣国から来ていることがわかります。ギリシャやトルコ、古代から続く東欧の物の流れの伝統を感じます。ブルガリアのゴミは、コンテナが街に置かれていて、燃えるゴミや瓶缶などが分類されているのですが、段ボールはそのコンテナの外に積まれて置かれているケースが多く見られました。

しかし、さすがヨーグルトの国ブルガリアです。ヨーグルトに関してはひとつのブランド内の容量違いをはじめ、牛や羊のヨーグルト、固形か液体か、など約50種類の商品が棚一面にありました。ヨーグルトのパックは一見牛乳のような見た目なので、何回か牛乳を買おうとして失敗したくらいです。何はなくとも、そのパックをまとめる段ボールがあるだろうと思っていたのですが、ありませんでした。ヨーグルトも青果物もプラスチックの箱で輸送されているようでした。また、ブルガリアは酪農で外貨を獲得している国でもあり、乳製品はタンクで輸出しているため、ブルガリアには段ボールがほぼないということがわかりました。まさかブルガリアで、ギリシャの野菜の段ボールを集めながら旅をすることになるとは。失意と空腹を抱えたまま、お昼を食べに庶民派レストランへ。惣菜から選んで食べるスタイル。ギリシャとも、トルコとも言えない、独特なヨーグルトベースの味付けでした。

なかなか段ボールが手に入らず、やさぐれた気持ちで安いビールを何本か買ってスーパーから帰る途中、ゴミコンテナの横に置かれた白い段ボールが目につきました。近寄ってみると、白い段ボールには赤と黒のマーク。拾ってみると、SYRIAN ARAB RED CRECENT との表記が。これは、これこそは、長年手に入れるのが念願だった救援物資の段ボールなのです。この団体は長年にわたりシリアでの人道支援に関わっている赤十字団体。難民問題に関する報道でこの段ボールが映されたことがあり、前からほしいと思っていました。通常この段ボールは難民キャンプにしか存在しないはずなのですが、平和なブルガリアの街中に落ちていることの不思議。どこから何のためにこの段ボールが届けられたのでしょうか（日本に帰って調べたところ、ブルガリアにはハルマンリという難民キャンプがあり、そこから流れ着いたのかもしません）。段ボールに神様がいるとして、僕があまりにかわいそうだったから届けてくれたのでしょうか。僕は段ボールの神様に少し気に入られているのかもしれません。興奮と段ボールを抱えてすぐさまアパートへ戻りました。これだけは絶対に誰にも渡したくなかったのです。

この段ボールの衝撃は大きく、2017年の第1回“CARDBOARD OF THE YEAR”を獲得することになります。これは、僕がその1年で最も思い出深かった段ボールを表彰する制度で、年間に集めた約100枚からベスト10を選ぶものです。ストーリー、デザイン、希少性などさまざまな面から独断と偏見に基づき決定されます。この年はもう圧倒的な大差をつけての受賞でした。今も大切にコレクションしている段ボールのひとつです。

翌日、ドイツ資本のホームセンターPRACTIKERへ行きました。標識やボンドなど、使い道のないものを買い漁ります。引っ越し用の段ボールを売っていることも多いのですが、この時は見つかりませんでした。お昼にピザを食べ、再び地下鉄でアパートのある駅に戻ります。途中、「ヤー！ ヤー！」という人の声が聞こえ、段ボールをいっぱいに積んだリアカーを引いたロバが猛スピードで通りすぎました。おそらく古紙回収業者でしょう。しかし、どこからどこへ急いでいたのでしょう。

次の日はソフィア市内にある市場で段ボール探しをすることに。市内にはところどころ段ボールは落ちているものの、やはりブルガリア語は見当たりません。多くの段ボールはヨーロッパから流れてきたもののようでした。市場もまた、ギリシャ産、トルコ産の段ボールばかりです。歩いているとバナナの段ボールの群れと出合いました。地域としてはエクアドル産が多いようでした。それらバナナの段ボールはすべて再利用されていて、商品を置く台や、カゴとして使われています。すっかり色褪せているものも多く、だいぶ前から使われていることがわかりました。そのため、道端にあっても、捨ててあるわけではなさそうです。

どうしてもブルガリア語の段ボールが見つからなかった僕は考えました。世界のどこでも、ピザの箱は段ボールで出来ている。ピザの段ボールを探せば、ブルガリア語の段ボールが手に入るに違いありません。ゴミ捨て場に行くと、見つかりました。ピザの段ボールにブルガリア語が書かれています。しかし、当たり前のことですが、捨てられたピザの段ボールは汚い。当然のことながら、ケチャップや油、食べかすが付いていました。ただそれでも、このチャンスを逃したくなくて、汚れを払いながら拾いました。拾った後悔よりも、拾えたものを拾わなかった後悔の方が長く後に残ってしまうのです。僕はついにロシアの敗北を乗り越え、キリル文字の段ボールを手に入れることができました。

帰りながら本を売る市場に立ち寄ると、ここでもやはりバナナの段ボール箱が重宝されていました。ブルガリアではバナナの段ボール箱は貴重なコンテナとして、活用され続けるのかもしれません。もう、バナナの段ボールに心を惑わされることもありません。晴れわたったブルガリアの空のように穏やかな気持ちです。僕は大いに満足をして日本に帰りました。あの日、僕の話を聞いて「そういう人はブルガリアにはいないわね」と言ったあの人に伝えたい。ずっと憧れていた、難民支援物資の段ボールがブルガリアの街角にありました、と。ロシアで拾うことのできなかったキリル文字の段ボールがブルガリアで手に入りました、と。ヨーグルト以外にも、段ボールがあるじゃないですか、と。僕はブルガリアが大好きになりました、と。世界には、こういう人もいるんです、と。

BULGARIA

ブルガリア

ロシアで拾えなかった
キリル文字の段ボールを求めて、
同じキリル文字圏の
ブルガリア語が公用語の
ブルガリアを訪れた。

トラックに書かれたブルガリア語。
この言語が印字された段ボールを
拾うことが今回の旅の目的だ。

4/13 - 4/17 2017

SOFIA

ソフィア

ブルガリアの最大の都市にして首都。西ヨーロッパと中近東、アドリア海と地中海を結ぶ道路の交差点にある。街のシンボルはアレクサンドル・ネフスキー大聖堂。

日に日に集まっていく段ボール。キリル文字だと思って集めていた段ボール。よく見るとギリシャ語だったと途中で気づき、諦めずに探し続ける。

バナナの段ボールを多く見かけた。多くはエクアドル産だ。

ようやく見つけたキリル文字の入った段ボール。その正体はピザの段ボールだった。ピザが段ボールでデリバリーされるのは世界共通。油もケチャップも付いているが、文句は言っていられない。

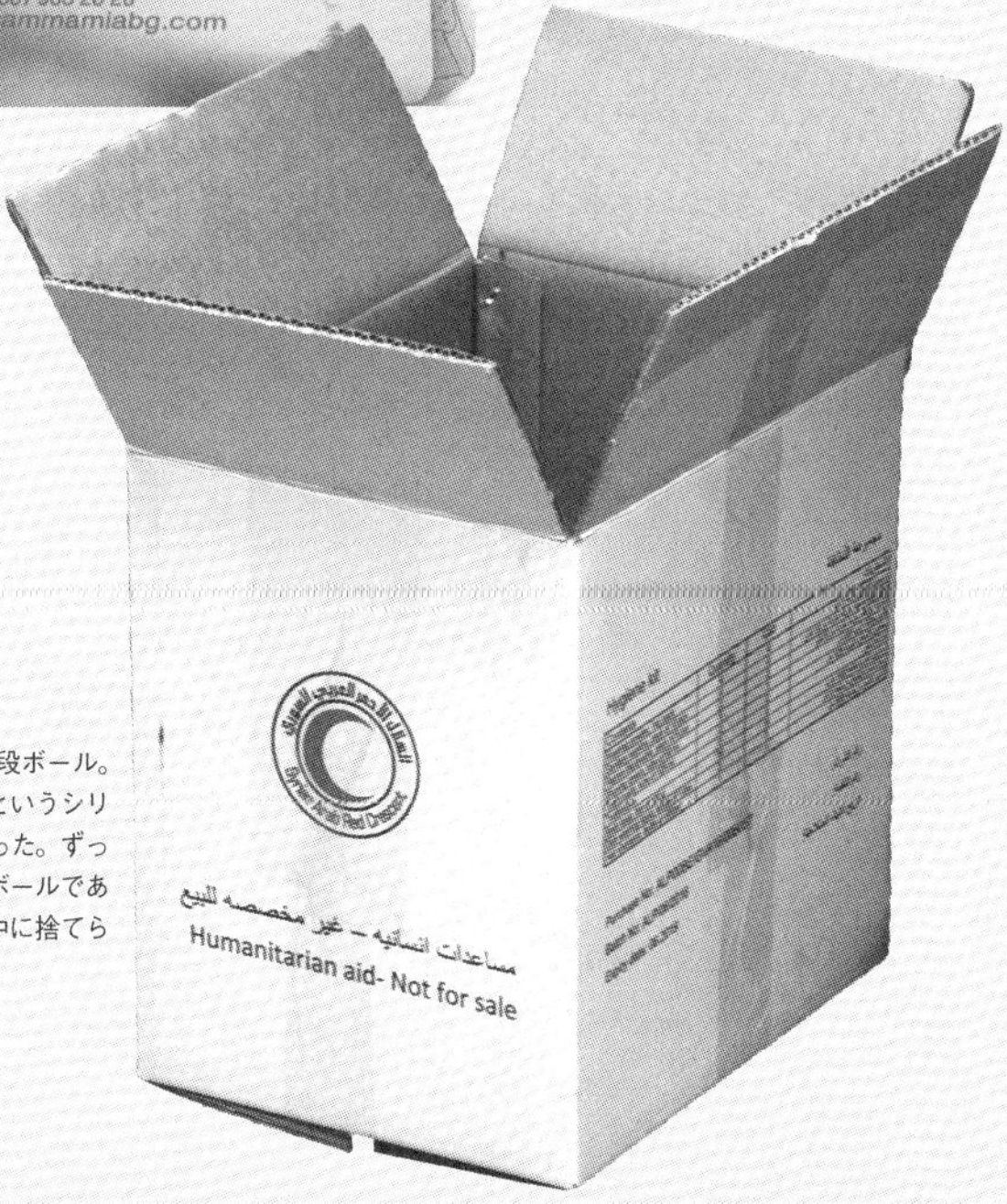

ブルガリア最大の収穫がこの段ボール。「syrian arab red crescent」というシリアの赤十字団体の段ボールだった。ずっと念願だった支援物資系の段ボールであるが、なぜこのソフィアの街中に捨てられていたのかは謎だ。

ちょっと寄り道 3

ご当地段ボール

Local Cardboard

同じ企業の段ボールでも、それぞれの土地を反映したものがあり、僕はご当地段ボールと呼んで集めています。その代表がヤマト運輸の段ボール。ご当地段ボールについて、ヤマト運輸の齊藤泰裕さん、ヤマト包装技術研究所の石川果菜さんに聞きました。

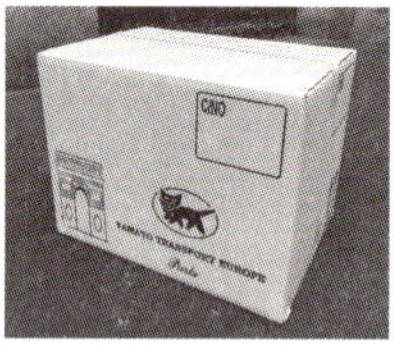

パリの段ボール。

福島の段ボール。

齊藤さん（左）と石川さん（右）。

島津　段ボールを探す旅の中で、ヤマト運輸さんの段ボールは地域によって特色があることを発見しました。それ以来、地方に行くときはヤマト運輸さんの営業所を訪ねてご当地段ボールを探しています。驚いたのは、台湾、フランス、アメリカなど海外にもご当地段ボールが存在することです。この取り組みについて教えてください。

齊藤　ヤマト運輸は、地域の支社に裁量を委ねています。そこから地域活性化のために、その土地ならではの個性を段ボールで表すようになりました。レギュレーションを前提として、地域の現場がそれぞれ創意工夫を凝らしています。京都であれば芸妓さん、東海ならシャチホコ、沖縄ならハイビスカスと、その地域を象徴するものがデザインされています。観光地などのPRをしている地域もあれば、くまモンのようなゆるキャラを前面に打ち出す地域もあるので、比較してみると面白いです。

島津　制作はどこで行われているのですか？

齊藤　主にヤマト包装技術研究所という包装技術の研究を行っているグループ会社に、地域の支社が個別に依頼しています。ヤマト運輸の段ボール以外でも、荷物を送る事業者さんの包装資材の開発なども行っている会社です。

島津　海外の段ボールについてはいかがですか？

齊藤　パリにある現地法人の段ボールはエッフェル塔などの観光名所をデザインしているものもありますが、貼るシールにもエスプリが効いています。FRAGILE（壊れやすい）などの注意書きもお洒落ですし、シールで梱包するのは、アメリカやヨーロッパの文化的な側面ですよね。

島津　国際輸送のDHLもベージュの箱にやたらと黄色いシールが目立っていました。台湾の故宮博物院をデザインした段ボールは、金色と青色が基調で使われていて、ヤマト運輸さんの緑色のブランドカラーを使っていませんでした。

齊藤　その国にとって縁起のよい色や気持ちの部分がありますので、そこを大切にしています。

島津　こうしたご当地段ボールは、地域への応援にもなりますね。

齊藤　たとえば福島県の段ボールは、「福が満開、福のしま。」という東日本大震災からの復興を応援するスローガンを入れています。どこの地域の支社もどうにか地場を盛り上げたいという熱意に燃えており、その熱意は全国共通してありますね。

島津　先日、段ボール財布の展示会で会ったお客さんは、島根の実家から送られてきたヤマト運輸さんの段ボールに「たまには帰っておいで」というメッセージが添えてあって、温かい気持ちになったそうです。

齊藤　「送る人のまごころを、まごころをもってお届けする」という気持ちで荷物を運んでおります。

島津　ありがたいですね。ちなみに、どこのエリアが初めにご当地段ボールを作られたのですか？

齊藤　観光地がはじめだったかと思います。お土産を送るのにも最適です。ご当地以外に企業の段ボールもオリジナルで作っているのですが、それぞれの企業色が表れます。段ボールはひとつの宣伝メディアなのだなと特に最近は感じるようになりました。

島津　そう思われる理由は何ですか？

齊藤　個人に送られるもののニーズが変わってきているからです。最近はさまざまな通販が発展していく中で、事業者が「送った側も自分の存在に気づいてほしい」という主張があり、外箱の段ボールにアレンジを加える傾向が増えてきました。

島津　ネット通販が隆盛した背景もありますか？

齊藤　それが大きいですね。以前は高品質でお届けできれば段ボールは何でもよいと言うと語弊があるのかもしれませんが、無地の段ボールや使い回した段ボールを再利用して送るケースが多かったです。それが、企業のブランディングや消費者とのコミュニケーションが図れるのであれば、オリジナルの段ボールを作ったほうが得策だろうという思考になってきているようです。

島津　ヤマト包装技術研究所さんでは段ボールにどのような工夫をされていますか？

石川　ヤマト運輸の段ボールは、ブランドカラーである緑色が映え、荷物が軽く見えるという理由から白を基調に制作しています。法人のお客さま向けにご提案している段ボールでは、カカオの殻やべに花、お茶の葉などを使って色を着けたものや、外フラップに山型のデザインを施したものもあります。

齊藤　リサイクルの資材である段ボールはエコであると言われる一方で、実は「包装しないで送ってほしい」というニーズもあります。段ボールのリサイクルに使われるエネルギーが気になるという考え方もあります。当社でも真摯に受け止めまして、さまざまな取り組みを試しています。

島津　驚きました。段ボール財布の活動をしていて、アップサイクルやエコ活動だねと賛辞をいただくことが多いのですが、宅配で段ボールを使うことはエコではないと捉える向きもあるんですね。

石川　たとえば段ボールに品物を詰める際には、ぴったりが望ましいのですが、空間が空いてしまい、緩衝材が必要になるケースがあります。当社では、通販事業者さま向けに、発送商品が箱の中にぴったり納まるサイズに箱を設計するなど、強度・コスト・環境に配慮した適正包装を提案しています。

島津　段ボールは今後どうなると思われますか？

齊藤　宅急便は気持ちを届ける仕事だと思っています。時として中身の品物以上にその存在を示せる、気持ちを伝えることができる段ボールは、いくら技術が発展したとしても決してなくなることはない、欠かせないパートナーのような存在だと思います。

島津　送る側のメッセージが込められて、いろいろな人の手にわたって届けられる段ボールは、すごく温かい素材だと思います。ずっと考えていたことが間違っていなかったと安心しました。今日は本当にありがとうございました。

オーストラリア ―― 2017 SUMMER シドニー

農業大国の段ボールはカラフル

自転車で旅をしよう。

段ボールを積み込んだリュックを背負って自転車に乗りながら、海外への旅に自転車を持って行くことを思いつきました。町の隅々を探すに当たり、自転車があると効率的に段ボールが拾えます。機動力という点では、自転車が一番なのです。

調べてみたところ、スポーツ用品という枠で自転車を無料で運べる航空会社があることがわかりました。これはありがたい。そして行き先は、オーストラリアに決めました。世界的な農業大国。世界でも有数の食糧自給率を誇る国。段ボールも自国生産。段ボールのデザインも、独自の進化を遂げていると思うのです。

羽田空港を夜のうちに出発して、飛行機の中で眠って起きれば早朝のシドニー。機内から見える景色は、自然と町とが調和していてとても綺麗でした。空港に降り立った瞬間、もう帰ってもいいと思いました。バーレーンのガルフ・エアと並び僕が大好きな中東の航空会社のひとつ、アブダビのエティハド航空の段ボールが落ちていたのです。ベージュにエアラインのロゴが入っています。かっこいい。この航空会社は機内食も山盛りでサービスがゴージャス。ブランドのロゴも金や銀が華やかなところが気に入っています。

航空会社はスーツケースに収まらないものなどを段ボール箱に入れて送ることがあるので、意外と段ボールを使っているのですが、なかなか拾えるものではないのです。僕はもともと飛行機が大好きで、今でもエアラインのミニチュアを収集しています。航空会社の段ボールは理想的な組み合わせ。このような段ボールと出合えた奇跡に感謝、幸先が良いとはまさにこのことだと思いました。

空港から市内へはエアポートリンクで行くことができます。市内からホテルへはバスで。自転車のキャリーケースはかなり大きいためバスの中でも目立つはずなのですが、特に不審がられることはありませんでした。日本での方がよほど不審に見られるくらいです。

アパートへ到着すると、さっそく自転車を組み立てて外を走ってみることに。乗りなれた自転車で海外の道を走るのはとても新鮮です。日本と同様、右側通行なので初の海外自転車旅行としてはとてもいい国かもしれません。ちなみにオーストラリアではヘルメットをしないと交通違反になってしまうので、しっかりとかぶらないといけません。シドニーはとても気持ちがいい街です。海が入り組んでいるので街全体が水に囲まれている。風が心地よく、空気が美味しい。

まずはスーパーへ。裏を覗くと、段ボールはあったのですが、どれもプレスされていました。日本では古紙回収業者がまとめてプレスをするのですが、オーストラリアでは小型のプレス機がスーパーにも設置されているようです。こうなってしまうと段ボールを拾うことができなくなってしまいます。ただ、その近くにあったとてもかわいい、蜂のキャラクターが描かれた段ボールは手に入りました。

ふたたび自転車で走り出します。いつもと違う道路、標識、通過する車、自転車で走ることの喜びをしみじみと感じていました。タクシーや交通機関を使わず、思い通りに行動できる素晴らしさ。この遠い国で、自分は自由だと感じられること。それは幸福な経験です。

次に向かったのはホームセンターのBUNNINGS WAREHOUSE。オーストラリアの大手ホームセンターチェーンです。何に使うかわからないものを衝動買いしてしまいます。用途不明の道具もまた想像を膨らませてしまいます。いつかどこかでその目的が初めて分かる。それもまた道具の持っている大事な魅力なのかもしれません。かわいい引っ越し用段ボールが売られていて、段ボール的な収穫もありました。あと、僕は段ボール財布を作る時に使うボンドを密かにコレクションしているのですが、オーストラリアオリジナルのボンドも見つかりました。接着力や硬化の速さなどに違いがあり、面白いのです。

なかなかの収穫に顔もほころび、再び自転車を走らせます。お昼頃でお腹も空いていたので、マクドナルドに立ち寄ります。ちょっと高いプレミアムメニューを見つけ、奮発して注文したのですが、これがものすごく美味しかったです。トレーやフライ入れも通常のものとは違いました。あれを超えるマクドナルドはないのではとすら思います。

シドニーの港でシーフードマーケットに立ち寄ることに。ですが、ここでも段ボールはキューブ状に固められていました。素敵な段ボールもあるのに取り出せず、胸が張り裂けそうでした。アパート近くのケバブ屋さんでケバブライスを購入し、ビールで1日を終えることに。自転車で走った疲れが心地よく、シドニーを身近に感じることができた1日でした。

朝7時に出て、まずはシドニーを代表する観光地、オペラハウスを遠巻きに目視し、満足。

段ボールを物色しながら自転車で移動することに。シドニーはコーヒーが美味しいと聞いていたので、小洒落たカフェで朝食をとりました。その後、引っ越し屋さんの大きな段ボールを発見。写真を撮っていると作業していたおじさんが手を振ってくれました。

シドニー港にかかる巨大な橋、ハーバーブリッジへ。この橋は自転車で渡ることができるのですが、ものすごく高い橋で、なかなかスリルがありました。恐怖を感じましたが、橋の真ん中はとても開放的でした。自転車で市街地の上を走る。気持ちよかったです。橋を渡ると少し雰囲気が変わりオフィス街や住宅が隣り合っています。しかし町がきれい過ぎて段ボールが落ちていない。坂が多く結構疲れます。店の裏を物色してもプレスされてしまっています。シドニーは段ボールを拾いたい人には厳しい国と言えるかもしれません。残すところあと1日となり、焦る気持ちを抑えるため、フィッシュアンドチップスで夕食をとりました。

ついに最終日。オーストラリアはたくさんの段ボールで溢れていると思いましたが、プレス機のせいで苦戦した今回の旅、最後の勝負の日です。拠点が心地の良い少し郊外の場所だったこともあり、行くのを忘れていた中心部へ。チャイナタウンも通りつつ、段ボールを路上で見つける数が増えました。段ボールの匂いを察知するセンサーが強く働きます。

目の前に現れたショッピングセンター。これは倉庫のようなもので、中では小さなお店が土産物や、ブランドの偽物を売っている場所です。オーストラリアというよりも、アジア的な雰囲気の場所でした。そこでついに、たからの山を見つけたのです。ショッピングセンターの隣は青果場で、そこにはオーストラリア産の野菜、果物の段ボールが集められていました。他の国にはない小さなサイズもあり、全体にデザインのクオリティが高い。原色や蛍光色を使った多色刷りの段ボールはインパクトがあります。日本と同じようにキャラクターのイラストが多いこともわかりました。

さすが農業大国。どの箱もデザインが素敵すぎるし、見たことのない凝ったものばかり。段ボールは市場の人に向けて作られているので、競りの人たちに主張する、激しいデザインが求められます。オーストラリアは農業大国だから、その分ライバルが多い。競争が激しい中でデザインが洗練され、強くなっていったのでしょう。また、それだけのコストをかけるだけの産業規模があるということも見えてきました。気になるものを夢中になって片っ端から拾い集めます。その時はシドニーに来て以来最高の笑顔をしていたはずです。派手でキャッチーな段ボールをカバンに詰められるだけ詰め込んで、市場を出ました。

段ボールプレス機の存在に苦戦したけれど、それもオーストラリアのエコ意識の高さの表れかもしれません。自転車とオーストラリアの大きな魅力を感じ、また来たいなと思いつつ自転車を抱えて日本へ帰りました。

6/21 - 6/23 2017

AUSTRALIA

オーストラリア

初の南半球はオーストラリアだった。
6月のちょうどいい気候で、
過ごしやすく、
はじめての自転車旅でもあった。

SYDNEY

シドニー

オーストラリア最大の港湾都市で経済の中心地。シドニー国際空港からはアクセス特急で市内へ。巨大な自転車用キャリーケースはどこへ行っても目立つ。バスを乗り継いてアパートに着いた時はとにかくホッとした。

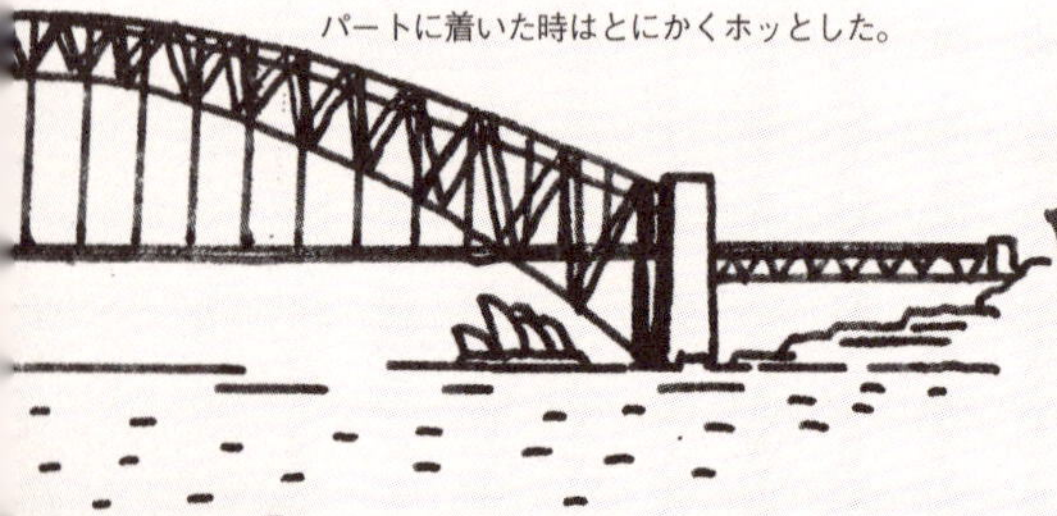

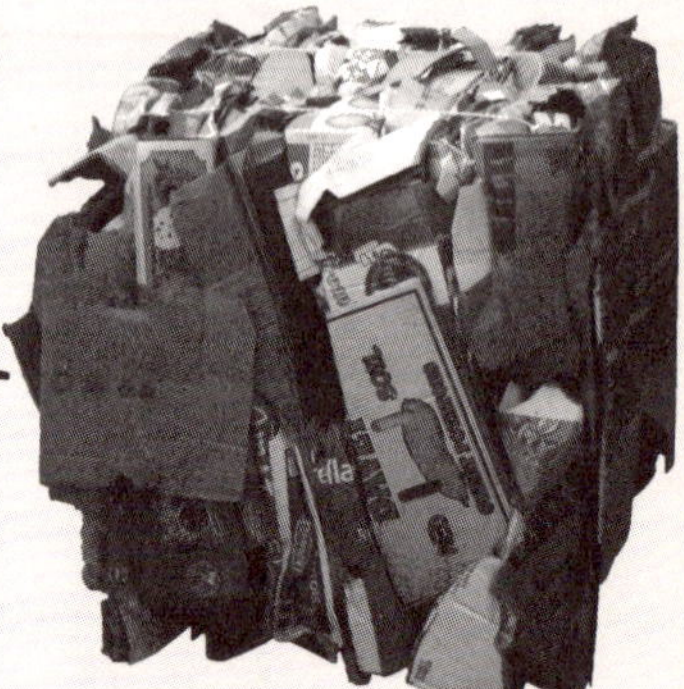

シドニーの至るところで目撃した段ボールは既にプレスされているものが多かった。段ボールを救い出せるかトライしたが、完全に固まって取れなかった。

自転車を使った段ボール拾いはとても面白かった。とにかく細かい路地に入って段ボールのありそうなところへ。途中、蜂をキャラクター化したかわいいシトラスの段ボール。BEES KNEESと書かれていて、語源は諸説あるが「最高のもの、人」を表すことわざだ。

食へのこだわりの強いことで知られるオーストラリア。とはいっても高級レストランには入れない。まずはマクドナルドがとても美味しかった。さすがビーフの国！ そして名物ミートパイは予想通りの味。イギリス文化の名残であるフィッシュアンドチップスもとても満足した。

着いてすぐにエティハド航空の段ボールを入手。もう日本へ帰ってもいいと思った。

シドニー、オーストラリアを代表する橋ハーバーブリッジ。想像以上に地上から高く、自転車で渡ったがかなり怖かった。

Valleyと面白い文字のかかれたオレンジの段ボール。配色がとてもいい。市場を見ていると日本でもよく見る段ボールもあった。

マーケットに入るとさまざまなデザインの段ボールが目を楽しませてくれた。さすが農業大国。デザインも多種多様。緑があざやかな段ボール。ROCK RIDGE FARMINGはクイーンズランド州の産地から。

ミャンマー

今あるものを使い尽くす精神

2017 AUTUMN ヤンゴン

オーストラリアですっかり自転車の旅を気に入った僕は、次の目的地にも自転車を持っていくと決めました。行き先は、ミャンマー。ほしいのは、ビルマ語の印刷された段ボール。丸くてかわいい文字の国です。

成田発ミャンマー直行便。便利な時代になったものです。昼前に出発し、夕方にはミャンマーに着きました。自転車用キャリーケースを持って空港を歩くと、その荷物の大きさにミャンマーの人は驚いているようでした。タクシーで宿に向かいます。この気温と渋滞、アジアに来た、という感じです。日本もアジアの一部ではあるのですが、アジアという言葉から感じられる体感はこういう蒸し暑さです。予想よりも道が混み、宿泊地であるアパートに着く頃には夜になっていました。荷物を置き、一番近いレストランへ向かいます。ガパオのようなご飯を食べて1日が終わりました。

翌日は自転車を組み立て、さっそく外へ。アジアの熱風を感じながら自転車を漕いで走ります。車道はひどく混雑していて、市街地へ近づくほど交通事情は悪くなるようでした。とりあえず屋台で朝ご飯を食べることに。ミャンマーの有名なご飯といえばモヒンガーという、米の麺にスパイシーな汁をかけて食べるスナックフードなのですが、これがとても美味しかったです。名前もかわいい。つい口ずさみたくなる響きです。モヒンガー。

自転車を利用する人の多いシドニーの広い道路と比べると、道はやはりガタガタで、かなり自転車は走りにくい印象でした。道路から他のトラックやタクシー、バスを見てみるとその多くは日本製であることが分かりました。日本で古くなった中古車が、塗料を変えず、そのまま走っているのです。タクシーはすべて日本の会社名がそのまま書かれた営業車が再利用されています。日本で役目を終えたものが異国の地で頑張っている。なんだか応援したくなる風景でした。町には当然ビルマ語が溢れています。どれもまったく読めないのですが、丸っこい形がとてもかわいい。段ボールはさほど多くないようで、道の途中で何箱か見かけたのですが、よく見るとタイ語や中国語だったりしました。近隣のアジアからの輸入が多いのだと思われます。また、段ボールのデザインは無地で地味なものが多かったです。

モスク周辺ではイスラム教関連のグッズを買おうとしたら、僕が髭を蓄えているせいか、ムスリムか？　と聞かれました。雑多なマーケットにも入ってみると、キャリーケースを直している露店があったり、テレビ、ラジオ、無線機など機械修理の人が何かをいじっています。ここで初となるビルマ語の段ボールを手に入れることができました。それは「ミャンマー」というビールの段ボール。カンボジアにも「カンボジア」ビールがありましたが、国の名前を背負うとは思い切った名前です。緑、赤、黄色と国旗の配色がかっこいい。お昼はレストランで、汁なし麺とミャンマービールを試飲。飲みやすくて美味しかったです。

さらに市街で自転車を走らせると、ビルマ語が印刷された段ボールが目につくようになりました。探していればあるのだと、一安心です。

軒先でとても大きな段ボールが目に入りました。これを持って帰ろうと決め、雑貨屋の人にお願いすると親切にも譲ってくれました。どうリュックに入れようか、文字通り路頭に迷っていると、お店の人が出てきて、コンパクトにさばいてくれました。ミャンマーの人の優しさに感謝です。調べたところ宝くじの段ボールのようです。こうして手に入れた段ボールをリュックにいれると、空気抵抗で自転車は一気に漕ぎにくくなりました。

ところどころ段ボールが束ねて置いてあるところがあります。インド、フィリピンと同じように、段ボールがグラムで売買されているのです。店の前で待機している人もいて、僕にとっては段ボールを奪い合うライバル達です。スーパーに入るとミャンマービールの段ボールがありました。段ボールを高く積み陳列することによって、広告媒体としての機能が生まれています。世界のどこでもビールの段ボールは企業努力が見えて面白いものです。

その他にもビルマ語の段ボールがたくさんありました。スナックや水、多くは食品関連の段ボールです。単色でシンプルな段ボールが多い様子。自由に持って行っていいと言われたので、かなりの収穫がありました。持ちきれない分の段ボールの写真を撮っているとそれは駄目だと言われ、そこから先、段ボールの写真は撮れなくなってしまいましたが。

次は、前から決めていたホームセンターへ向かいます。大きな貯水タンクがたくさん売っていて、すごくほしくなったのですが、当然持って帰れない大きさなので泣く泣く諦めることに。ここでも標識やステッカーを購入しました。アジアのホームセンターを存分に味わうことが出来ましたが、残念ながら段ボールの収穫はありませんでした。

市街から離れるほど建物も小さくなります。大きな橋を渡ると、ヤンゴン川が見えてきました。広大な川で、色は茶色く、濁っている。大きな川の先は緑しかない。橋のこっちと向こうで緑の量が違うようです。橋の手前は建物がポツポツとあったのですが、その向こうは緑の中に道があるような感じです。ミャンマーを走っていると、いたるところでスピーカーを乗せ大音量でトランスミュージックを流すトラックが走っていて、その荷台には若者が踊り狂っています。これは日本で言う暴走族なのでしょうか。若者だけじゃなくておじさんもいるのが面白いところです。

その後はマーケットモールに行き、薬屋さんで薬の段ボールをもらいました。これもミャンマーの国旗の配色で、版ズレがかえってお洒落でした。ミャンマーは漢方的な薬学が盛んで、そういった段ボールもたくさんあるようです。

アパートに帰ると大家のおばあさんが、あんたお腹減ってるだろ、あとでカレーを作ってもってくよ、と言ってくれました。宿泊客の多くはここを拠点にゴールデンロックなどの観光地に行くから、今うちに泊まっているのはあなた一人よ、なんて言いながら笑ってくれた、親切なおばあちゃんでした。作ってくれたカレーの味は優しくて、今でも忘れられません。

最終日、段ボールは結構溜まっています。収穫としては十分な量が集まりました。ミャンマーはいい国です。今日はお昼に人気カレー店２０３でナマズのカレーに舌鼓。スパイスの利いたうなぎのような味で美味しかったです。カレーは毎日食べても飽きません。世界にはカレーの数だけ味があって、それらはすべて異なるのです。

市内を散策しているとヤンゴンセントラル駅に。とても古い駅舎らしく、歴史的な味があります。鉄道もやはり日本からの譲りものが多く走っていて、古いディーセル列車が駅に停まっていました。その光景もなかなか異様な感じがしました。

古き日本の車や鉄道が譲渡されて走っていた、ミャンマー。譲渡されても、普通の国は色を塗り替えて使うかもしれませんが、ミャンマーには、塗装を塗り替える、という概念はないのかもしれません。日本語は読めないかもしれませんが、そんなことは気にせず、新しいものにこだわることもなく、ありのままを活かしたまま使っています。ミャンマーの人は案外それを楽しんでいるんじゃないかなとも思います。ものを大切にするという精神が町のいたるところで感じられました。段ボールをくれる人も優しかった。これは国の精神性のようなものなのかもしれません。

他の国で役割を終えたものを、引き受けて活躍させるこの国。それは環境対策というわけではなく、人々が普通の生活の中で自然にやっていることでした。むやみに新しいものを求めずに、今あるものを使い尽くす。その精神は、僕が作る段ボール財布にもつながっているのだと思います。循環と自転車。二つの素敵なサイクルを味わうことができました。

MYANMAR

ミャンマー

空港に降り立った瞬間、
ガソリン、埃、湿度の匂いに包まれる。
これぞアジアのラストフロンティア。
かわいい文字のビルマ語の
段ボールを探した。

YANGON

ヤンゴン

民主化が急速に進むミャンマーの旧首都。オーストラリアに続き、自転車を持参した。やっぱり大きくてみんなびっくりしていた。ミャンマーのタクシーがPROBOXなので助かった。

11/1－11/5 2017

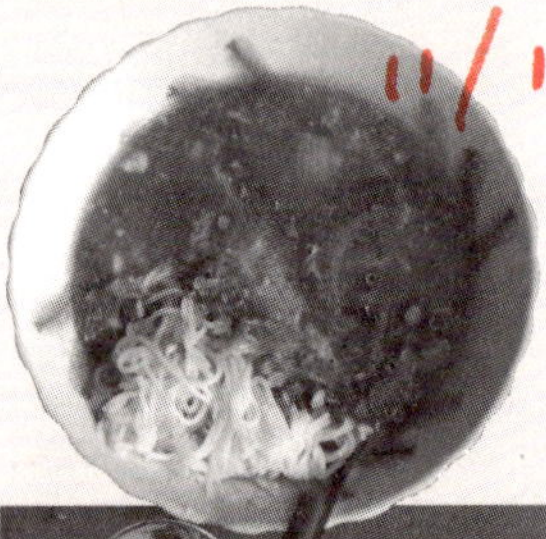

モヒンガーというミャンマーの国民食。米粉ベースの麺にスパイシーな汁をかけて食べる。屋台で食べるのがおすすめ。

カレーもある。通常のカレーと違って汁気がほとんどなく、具がゴロゴロと入っている。店で指差して何品か選んで食べた。

大きすぎる段ボールを拾い、リュックから大きくはみ出し空気抵抗でかなり漕ぎにくくなった。

ビルマ語が書かれた大きな段ボール。文字を手掛かりにオンライン翻訳で一生懸命探すと、宝くじという言葉に訳された。

迷路のようなマーケットに迷い込んだ先で拾った薬品の段ボール。ミャンマーは漢方も盛んで、こういう段ボールがあるのもうなずける。

スーパーで見かけたビルマ語の段ボール。ゴシック体も結構いいなと思った。

ミャンマーを走る車の多くは日本車で、日本で使われた形跡が残されたまま使われている。鉄道も日本のディーゼル車がそのまま使われていてどこかホッとした。

ミャンマーのタクシーはすべて日本のザ・営業車PROBOXを使っている。乗り込むと日本語のナビや、シールが貼ってあって、日本時代の面影が残る。

南アフリカ

2018 SUMMER ヨハネスブルグ

路上に段ボールがない二つの理由

もう一度、アフリカへ行こう。今度はもっとディープなアフリカへ。段ボールに関わる活動をしていると、自分は世界のことをまだ何も知らないと気づきます。わかっているようで、全然わかっていない。知ったつもりにならずに、アフリカについてもっと知る必要があると思いました。なんだかこれまでよりも、ちょっと真面目に旅をしてみようと思ったのです。

ヨハネスブルグ。人口450万人を超える南アフリカ一の大都市。世界で一番治安が悪いと言われていたこの街に旅をしようと思ったきっかけは、築地市場で見かけたオレンジの箱でした。南アフリカから日本にやって来たそのオレンジは鮮やかで、遠い国の太陽をしっかりと浴びた色をしていました。日本のみかんとはまったく違うストーリーが、このオレンジにはあると思いました。以前行ったモロッコはアフリカ大陸の一番北部にある、まさにアフリカの入り口でした。その真逆、南部にある南アフリカはどんな世界だろうか。南アフリカは英語が公用語なので、特別な文字が書かれているわけではないのですが、このはるか遠くの国の段ボールに強く惹かれたのです。よく見ると青果市場には南アフリカ産の果物がたくさんあり、南アフリカは農業大国だということがわかりました。オーストラリアなどもそうでしたが、農業大国に段ボールあり。これは宇宙の真理のひとつです。

いざ、南アフリカに行くと言っても、その道は遠い。安く行こうと調べてみると、韓国経由、エチオピア経由、南アフリカ行きの飛行機があることを知りました。航空会社はエチオピア航空。ちょっとドキドキする名前です。出発の日はすぐに来ました。日本から韓国で乗り換え、エチオピアの首都アディスアベバを経由し、南アフリカのヨハネスブルクに到着です。フライトは合計18時間。乗り換え時間がほとんどないと言ってもいいくらいだったので、思ったよりも時間はかかりませんでした。

ヨハネスブルグに着くと、旅行代理店にお願いしておいた観光ドライバーが迎えに来ていました。ドライバーはベルギー出身のおじいさんでした。世界のいろんな国でドライバーをし、今は南アフリカに住んでいるというガイドさんです。それも面白い生き方だなと思いました。彼から、南アフリカに何をしに来たのかと聞かれて、段ボール探しだと伝えると、やはり驚かれました。日本からわざわざ来るほどの段ボールが南アフリカにあるのだろうかという顔をしています。しかし、彼は世界をわたり歩く紳士なので、段ボールについてそれ以上質問してくることはありませんでした。

道中は口癖のように「お前が嬉しいなら俺は嬉しい」と言っていました。とてもいいおじいさんです。おそらく段ボールを探しに日本から南アフリカへやって来たと言う説明が腑に落ちてなかったから出てくるセリフなのでしょうけれど。もしもあなたが段ボールを探して世界を旅するとしたら、きっと同じ思いをすることになるでしょう。段ボールは世界のどこでも似たような扱われ方なのです。ドライブの途中、青果市場が開いていない日だとわかり、市内を見て回ることに。

ヨハネスブルグの街は、二つに分かれています。高級住宅地と、ダウンタウン。その二つは道一本を挟んで隣りあいながらも決して交わることはありません。まず、サントン地区という名前の高級住宅街へ。ビバリーヒルズのような豪邸が立ち並んでいます。徹底的に美化された街。まるでＣＧのようです。ここはアフリカという言葉からイメージされるものとま

った く違う世界。やはり僕は世界を全然知らない。アフリカを全然知らなかったと思いました。そこから車で30分ほどにダウンタウンがあります。高級住宅地から見ると、そう危険なところには見えません。ドライバーにダウンタウンに行ってみようと言うと、「ダウンタウンには基本的に近づかない方がいい」とそれまでとはちょっと違う厳しい顔をして言いました。どうしても行きたいと言うと、「必ず車をロックすること」と、渋りながらもオーケーしてくれました。ダウンタウンへ近づきます。車の中にいても、空気が少し変わったことを感じます。ドライバーも心なしか緊張しているようです。高級住宅地から見て安全そうに見えたのは、自分が安全圏にいたからなのだということを感じました。

ダウンタウンの住民は、移民がほとんどです。荒れている建物が多く、廃墟もちらほらと見えます。70年代以降、人種隔離政策アパルトヘイトが廃止されて以降、白人たちはサントン地区へ移り住み、高級住宅地を形成しました。そして制度の壁がなくなった後も、経済的な壁はそのまま残り続けました。道を隔てるとまったく違う世界。ひとつの街に二つの世界が混在しています。それぞれの街の人々が交流するということは、想像できそうにありません。

ダウンタウンを抜け、また市街地に戻ります。段ボール収穫の定番である、大きなスーパーに連れて行ってもらうことに。お店の人に段ボールをほしいと言うと、1箱5ランド（日本円で約40円）と言われました。この国はお金をとるタイプの国かと思いながらも、せっかくだからとリンゴの段ボールを3箱購入しました。

そして翌日、一番の目的である公設市場へ。大きな果物市場では、オレンジ、バナナ、リンゴ、アボカドがずらり。果物がデザインされたかわいい段ボールが山積みになっています。築地で夢見た南アフリカの段ボールがそこかしこ道端に落ちていて、楽園のように見えました。あの日の夢が、今現実になったのです。民族的なパワーを感じるデザインの段ボールが多くありました。中央から光線のような強調した線が派手で、今までに見たことのない迫力がありました。アフリカの独特なパワーがなせることなのかもしれません。

さっそく、段ボールを拾おうとすると、近くにいた人に注意されました。落ちている段ボールをくれないのには理由があって、南アフリカの段ボールは蓋つきのタイプが多く、放置されている段ボールは、その蓋の部分だったりするらしいのです。この蓋は再利用されるから捨てているわけではない。楽園を追放された気分です。

それでも、諦められるわけがありません。市場には、一般人が入っていけるエリアと、専門業者の方々のみのエリアがあり、露店のようになっている一般人エリアで人々に頼み込み、なんとか一箱だけもらって帰ることができました。市場にいる人たちは、段ボールをくださいと頼み込む東洋人を不思議な顔をして眺めていました。

苦労して手に入れた、シトラスの箱。しかしあまり、かわいくはありません。段ボール的には、なんとも消化不良な南アフリカでした。何よりも、ヨハネスブルグを見て回るうちに気がついたのは、段ボールが路上に落ちていないことです。

そこには二つの理由があるようです。ひとつは、段ボールの集積場やお店の中でプレスされる仕組みがちゃんとしていること。もうひとつは、段ボールを拾ってお金に変える人たちがいること。富める人々は、環境のために段ボールを回収し、貧しき人々は、生活のために段ボールを回収する。二つの原理で段ボールは路上から消えていく。お金持ちと貧しい人と、それぞれがそれぞれの仕組みで生きて、その結果段ボールが放置されないようになっているのです。経済発展の波に乗って先進国の人々と変わらない生活と意識を持つ人々と、その波から取り残されて生きる人々。高級住宅地でも、ダウンタウンでも、段ボールは使われています。

もしもダウンタウンの人々が、拾った段ボールを財布に変えて、高級住宅地の人々に売ったなら、と空想しました。そうすればもっと南アフリカは良くなるかもしれない。とても涼しい気候のせいか、なんだか真面目なことを考えてしまう南アフリカでした。

JOHANNESBURG

ヨハネスブルグ

南アフリカのゲートウェイ都市。中心部の旧市街エリア、ニュータウンの再開発も進んでいる。

SOUTH AFRICA

南アフリカ

アフリカ最南端の国。
選んだ理由は
日本でよく南アフリカ産の
段ボールを見かけるからだ。
さっそくマーケットを目指した。

スーパーの裏にはたくさんの段ボールが積まれていた。

6/30 — 7/2 2018

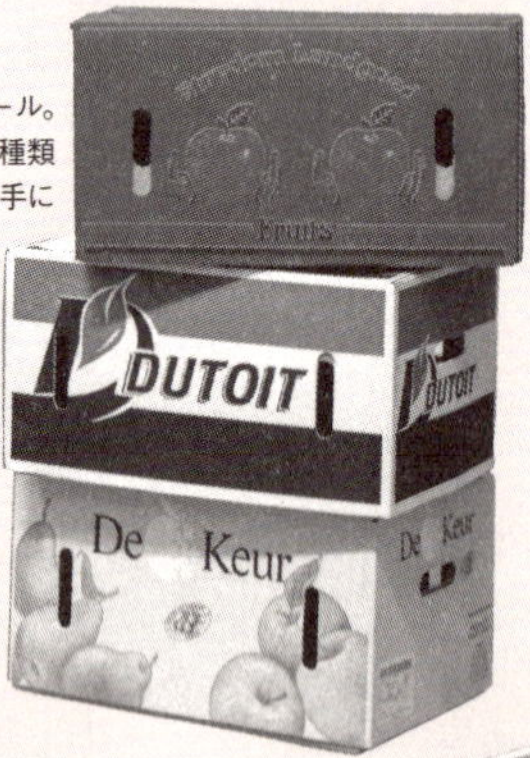

交渉して購入した段ボール。南アフリカでよくこの3種類を見たので、どうしても手に入れておきたかった。

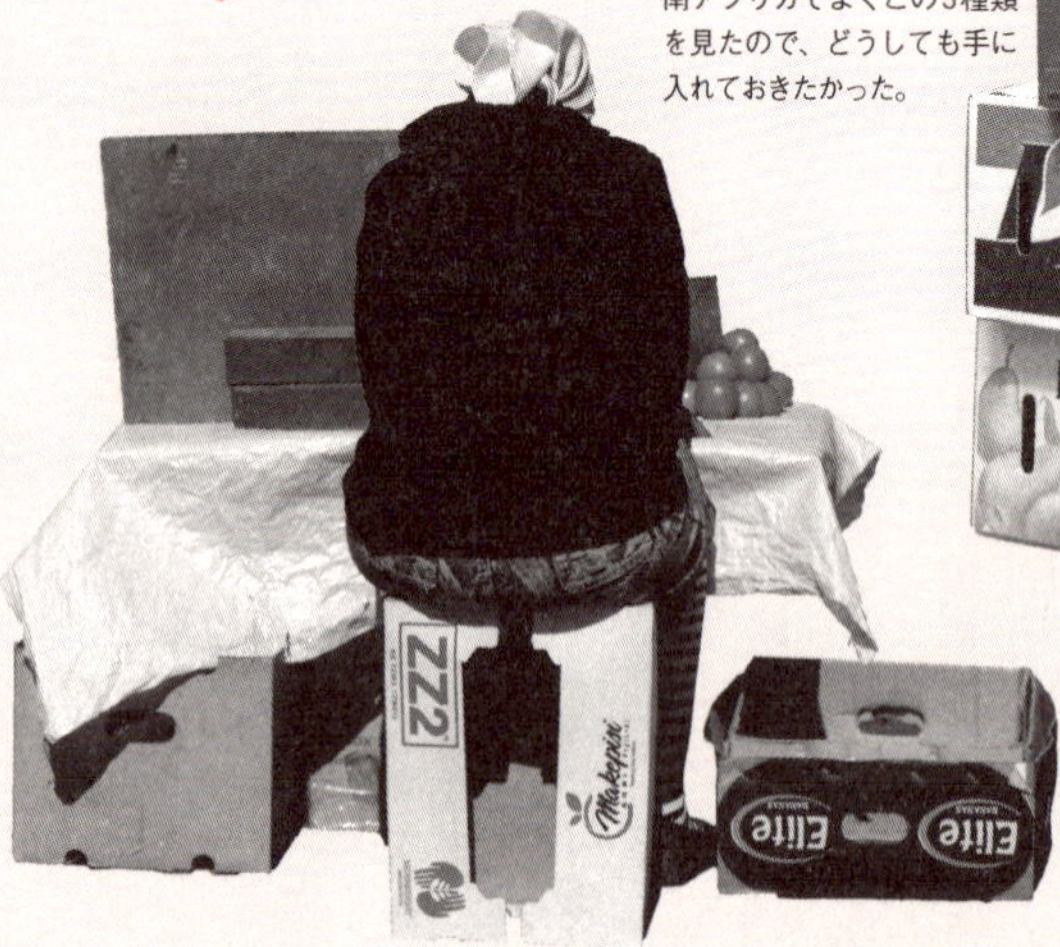

段ボールは路上のいたるところで活用されていた。台替わりにしてボードゲームを楽しんだり、椅子にして座ったり。

頭を使った運び方もアフリカならでは。手を使わず、頭だけで運んでいた。

シマウマのような柄と、ポップでカラフルなパターンが気になる段ボール。残念ながら上蓋のため、もらうことは出来なかった。

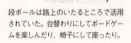

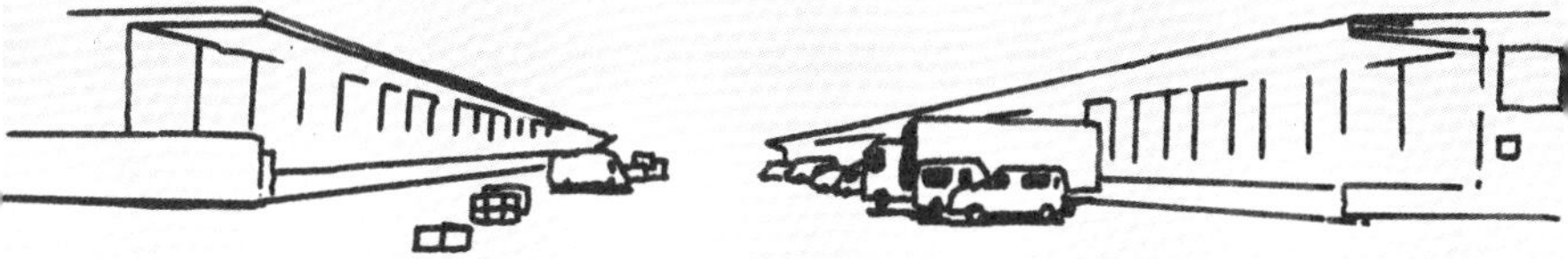

築地よりも広く感じたマーケットの敷地。南アフリカ中から食材が集まり、段ボールと一緒にどこかへ旅立っていく。

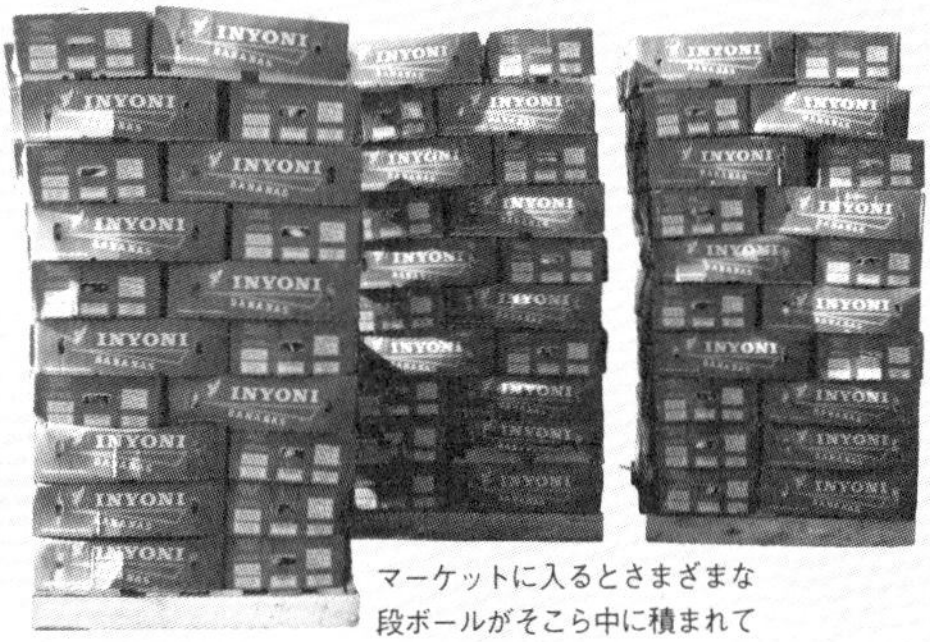

マーケットに入るとさまざまな段ボールがそこら中に積まれていた。どれも色使いが派手でかなりおしゃれ。

色がファンシーでとてもかわいい段ボールはレッドパパイヤの段ボール。

トラクターの絵がかわいいフルーツの段ボール。その下はバナナの段ボール。普段よく見るエクアドルやフィリピン産と一味違うデザインは新鮮だった。

南アフリカでドライバーとして案内してくれたおじいさん。とても優しく、段ボール拾いに付き合ってくれた。

たくさん段ボールをカメラで収められたものの、残念ながら譲ってもらえた段ボールはこの一箱だった。それでも多くの見たことのない段ボールを見られたことは楽しかった。いつか拾いに戻ってきたい。

紙の起源パピルスと段ボール

エジプト ― 2018 SUMMER カイロ

南アフリカから、思い切って北上し、エジプトへ。飛行機で8時間。アフリカ大陸は縦に長い。飛行機を降りた瞬間、熱風を肌で感じます。涼しかった南アフリカとはまったく違い、灼熱の気候です。エジプトと言えばピラミッドやスフィンクス。エジプト文明が生まれた地です。エジプトを選んだのは、紙の起源のひとつであるパピルスが生まれた場所で、一度本物を見てみたかったからです。エジプトで紙が発明されていなかったら、段ボールもなかったかもしれません。段ボール里帰りツアーと言っても過言ではないでしょう。とにかく、段ボールに関わるものの一人として、一度は訪れなければいけない国です。

カイロ空港に着いたのは夜だったのですが、土で造られた大きな建物の隙間に断片的な街灯や部屋の明かりが見えて、小さなお祭りのような美しい光景でした。ここに人々が生きている。そう思える光でした。エジプト人はせっかちなのか、とにかく行動が先回りしていました。飛行機が着陸する前から席を立って荷物を取り出します。キャビンアテンダントさんは注意するのですが、まったく効果はありません。そして飛行機が駐機場に着く前からドアのところに並び始めます。このせっかちさが、人類でいち早く文明を築いた理由なのでしょうか。渡航ビザは空港で取得できるのですが、ろくにパスポートを見ず25米ドル払えばすぐにビザのシールを渡されます。不安になるほど簡単な手続き。これは外貨獲得のためにビザを出しているのだという気がしました。

カイロの町中は、ラーダという旧ソ連製のとても小さい車が多く走っていました。それらが我先に動き回る様子は小動物の群れのようで、どこかかわいさを感じます。バラバラに見えながら、全体として大きな意思を持っているかのようです。エジプトの公共バスはフォルクスワーゲンの白いバンでした。日本ではもはや愛好家しか乗らないような車もエジプトでは現役で走っているのです。古いワーゲンの愛好家にはたまらない国なのかもしれません。だいもしかしたら、エジプト人は車を廃車にする、という概念がないのかもしれません。だいたい傷や凹みはあるし、乗り心地も悪そう。だけど使えるものを大切に使っている。きちんと使い切る、という点では見習うべきところが大いにあるような気がしました。

さて、町中を歩いてみるとどの店先にもカラフルな段ボールがたくさん積んであります。土っぽい国に、段ボールの原色がよく映えます。エジプト人はポテトチップなどのスナック菓子が大好きなようで、カラフルな段ボールはそういったスナック類のものが多くありました。イスラム系の国なので、お酒はありませんが、その分スナックに力が入っています。

売り方が特徴的で、段ボールの横から大胆に穴を開け、そこからスナックを取り出す、というスタイル。どこが発祥かはわかりませんが、すべての店がこの方式を採用しています。財布にする時にメインの柄となるデザインがくり抜かれているので残念ではありますが、エジプトの人にとっては関係のないことです。

考古学博物館で念願のパピルスを見ました。竹のような繊維がはっきり見えます。四千年という長い年月を経て残っていることになんだか感動してしまいました。段ボールも紙の一種なので、大切に保管すれば何千年も残るのでしょうか。世界で一番古い紙を見ながら、遠い段ボールの未来に思いを馳せました。

エジプトの段ボールはインクが薄く、全体的に落ち着いた色が使われている印象です。非常にもろく、片手でちぎれるほどです。紙の起源であるパピルスを生んだ国とは思えません。部類としてはインド系の段ボールに近いと思いました。エジプト文明とインダス文明の共通点です。開いてる箱を、これがほしいです、とお願いすると快くもらえました。中には走ってきて、これもあげる！という協力的な人も。ほしいと思った段ボールはだいたい拾うことができて、とてもスムーズに段ボール拾いができました。この国は段ボールに執着がない。素晴らしい国だと思いました。

エジプトではＵｂｅｒが便利でした。狭い路地でも、ちょっと待ってと車を停めて写真を撮ったり、段ボールを拾ったり。なんて快適な段ボール拾いでしょうか。最先端のサービスが段ボール拾いに大いに役立ちました。テクノロジーと段ボールの奇跡的なコラボレーションです。ちょっと離れたスーパーへ行って段ボール探し。ここでもＵｂｅｒを使います。段ボール財布を見せると面白がってくれるＵｂｅｒのドライバー。コシャリを食べたことあるか？と聞かれ、コシャリ？と不思議な顔をしていると、良い店があるから連れて行ってあげるよと言われました。嫌な予感がします。このパターンは大抵変な店に連れて行かれて、何か買うまで帰してくれないのです。しかし乗車している僕はどうすることもできません。ちょっと待ってて、と言われ、車で待っているとカップ麺のような食べ物を渡してきました。これがコシャリだ、といって買ってきてくれたのです。単にいい人だったのです。しかも奢ってくれました。なんて優しい人でしょうか。僕はさっきまでの嫌な予感を抱いていた自分をとても恥ずかしく思いました。

コシャリはミートソースにパスタや米を混ぜたエジプトの軽食。ただ炭水化物が満載なので、ダイエットしている人にはちょっと危険な食べものかもしれません。味はスパイスが効いて美味しかったです。疑ってしまった罪滅ぼしとコシャリのお礼として段ボール財布をプレゼントしました。あの親切なドライバーが、今もエジプトのどこかで僕の段ボール財布を持って走っていると思うと嬉しくなります。

エジプトのような世界中から観光客が訪れる場所では、観光客をカモにする悪質なタクシーも少なくありません。今まで苦い経験を何度もしてきたので、タクシーを使う段ボール拾いは避けてきました。オーストラリアやミャンマーで自転車を持って行ったのも、そうした理由がありました。

しかし、Ｕｂｅｒなら何のトラブルもありません。こういう国にこそ、配車サービスが活きてくるんだ、と初めてＵｂｅｒのありがたみが身にしみました。この後、ピラミッドでラクダのガイドにはぼったくられたのですが、ラクダのＵｂｅｒはないのでそれはまた別の話です。

ピラミッド周辺は意外に生活感がある風景でした。ピラミッドの敷地内にはマーケットなんかもあったり、ゴミ箱がいたるところにあったり、ピラミッドのすぐそこに街が迫っています。だからこそピラミッドの存在がすごく異様に見えます。町の向こうに三角形の巨大物体が見えた時、まるで夢の世界に入り込んだような光景でした。

ピラミッドやスフィンクスの近くのホテルに泊まるのもなかなか貴重な体験でした。朝起きて外に出るとすぐにピラミッドがあるわけです。マーケットがあることで、簡単にピラミッド周辺でも段ボールを見つけることができます。コンソメスープの段ボールを拾いました。世界で最もピラミッドに近いところに落ちていた段ボールですから、大切にしなくてはいけません。なんらかのパワーを持っているはずです。

エジプトでは、Ｕｂｅｒを使った段ボール拾い、という今までにない経験ができました。段ボールの醍醐味は「探す」ところにあり、その探す工程や手段の楽しみ方はまだあると気づかせてくれました。いつもの孤独な段ボール拾いではなく、隣に人がいて、しかも協力してくれる。おしゃべりしながら、いろいろな刺激を受けながら、ひと味ちがう段ボール集めがエジプトでは出来ました。四千年前のパピルス。砂色のピラミッド、カラフルな段ボール。親切なＵｂｅｒ。一番古い国は、新しい発見をくれる国でもありました。

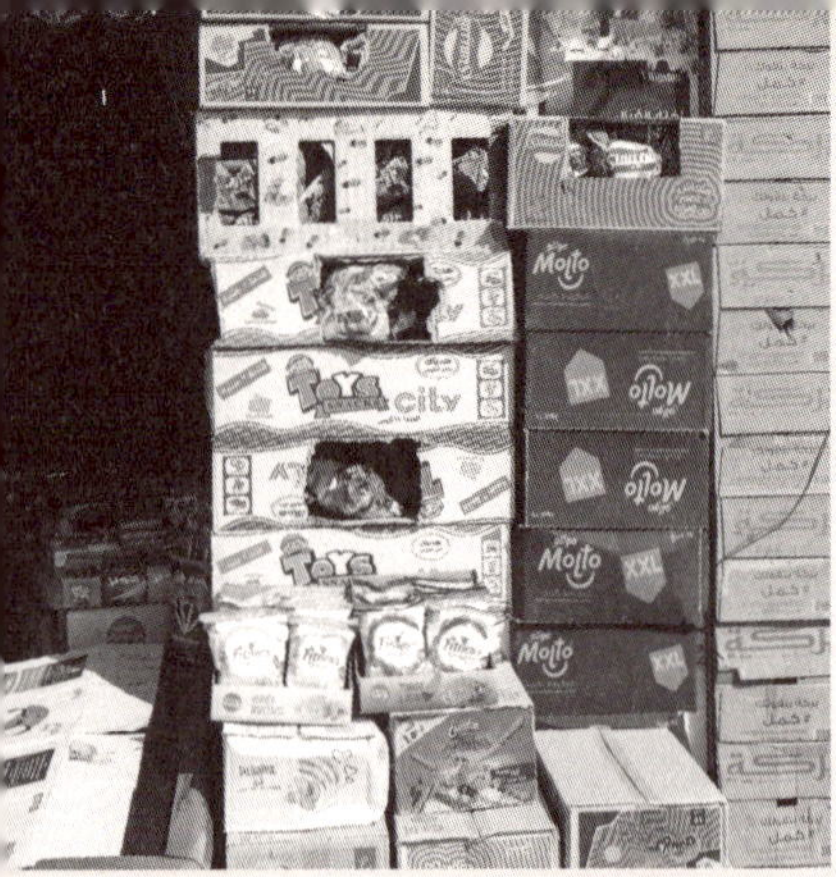

EGYPT

エジプト

紙の起源の国であるエジプト。
ある意味段ボールの
起源とも言えるかもしれない。
文明発祥の地でどんな
段ボールと出合えるのか。

7/3 - 7/5 2018

CAIRO

カイロ

エジプトの首都。街中にはスナックや飲み物が置かれている小さな売店がある。お菓子の段ボールは真ん中がくり抜かれ、そこからストックを取り出すようになっていた。

コシャリとよばれるエジプト人の国民的おやつ。パスタ、ご飯がミートソースと混ぜ合わさっていてなかなかのハイカロリー。

どこかかわいいエジプトの車。ラーダという小さい車や丸っこいワーゲンが街中を虫みたいに這うように行き交う。

TOFEEはイギリス発祥のお菓子。この段ボールはTOFFEEが入っていたようだ。イギリス文化の名残りは紅茶などがよく飲まれていることからもうかがえる。

Uberを駆使して細い道でも段ボール拾いができる。オレンジのバッグにどんどん積めてはUberに乗り込む。

アラビアンなデザインのあしらいがかわいいミネラルウォーターの段ボール。青の白茶けた感じもカイロには溶け込んで見えた。

ピラミッドに一番近い場所に落ちていた段ボールがこのチキンコンソメで定番のMaggiだった。ピラミッドとの脈略は何もないかもしれないが、ピラミッドのパワーが染み付いているのかもしれない。

エチオピア――2018 SUMMER アディスアベバ

最貧国の段ボールは贅沢品

さて、アフリカの旅もいよいよ終盤。エジプトを発ち、最後の目的地エチオピアへと向かいます。エチオピアは世界最古の独立国のひとつとも言われる、歴史ある国です。同時に、世界で最も貧しい国とも言われる国です。果たしてどんな段ボールがあるのか、いや、そもそも段ボールはあるのか。揺れるエチオピア航空の機内で一人、不安に駆られていました。

エチオピア航空は、なかなかタフな飛行機でした。シートが倒れない人、戻らない人。それぞれの悩みを抱えながらエチオピアに向けて空を飛びました。途中、寝ている赤ちゃんの呼吸が止まったと言い出した乗客がいて、機内が大騒ぎに。運よくお医者さんが乗っていて、赤ちゃんは息を吹き返しました。なんてカオスな飛行機なのだろうとドキドキしました。

空港につくと、イエローカードの提出を求められます。イエローカードとは、予防注射の証明書です。この旅に出る前、日本で予防注射を受けた時、僕は段ボールのためなら大嫌いな注射も我慢できることを知りました。

エチオピアの首都アディスアベバは標高が高く、涼しい気候です。僕が行ったときは夏でしたが、朝晩は寒いほどでした。空港から市街へ向かう道の中、この国は今まで行った国とはちょっと様子が違うということに気づきます。歩道には路上生活者が溢れ、家畜は捌かれたまま放置されています。住居らしき建物はすべてプレハブやトタンで作られています。

ホテルの近くを歩くのですが、道端に段ボールはありません。売っている野菜はみな麻袋に入れられて売られています。木箱やプラスチックの箱も多く使われていました。この国には、想像以上に段ボールがなさそうです。肉を取り除かれた血だらけの羊がフェンスに掛けられ、その横で羊飼いが羊をまとめていました。段ボールどころではない。そう思いました。

行動するにはまず通信手段を手に入れなくてはいけません。エジプトも南アフリカも、簡単にＳＩＭカードが手に入りました。エチオピア唯一の通信会社エチオテレコムの窓口が、ホテルから２㎞くらい先にあることがわかりました。さっそく行ってみることに。タクシーは明らかに危険なので、トラムを使うことにします。エチオピアは中国との国交が盛んで、中国側も積極的に企業の進出や、無償でのビル建設を進めています。トラムは中国による整備のおかげです。トラムのホームはおそらくエチオピアで最も安全な場所でした。

駅の近くで切符売り場を探します。周りの人を見ると、シャッターの閉まった掘っ立て小屋に人が話しかけて切符を手にしています。近づいてみると、シャッターは3㎝ほど隙間が空いています。行き先を告げると中から料金を伝える声がし、その料金を差し出すと切符が渡されます。公共交通機関のチケットを買うだけなのに、闇取引をしている感覚がすごかったです。電車で10分ほど。通信会社エチオテレコムの最寄り駅に到着すると、さっそくお店に向かいます。するとガードマンが近寄ってきてバックの中身を確認されます。なぜか、カメラがあることを理由に入店を断られました。写真は撮らないといくら言ってもダメです。最終的には、入ってもいいけどカメラを預けろと言われました。そんなの絶対に盗まれるに決まっています。人のことを泥棒扱いしてはいけないのですが、ここでカメラを預けることはもうほとんどプレゼントするのと一緒だと思うのです。だんだんと怒りが湧いてきて、SIMカードは諦めることにしました。この緊張感あふれる不安な国を、Googleマップに頼らずに行動する。とてつもない心細さです。とりあえず、トラムに乗ってホテルに帰ることに。

トラムのホームの治安の良さが救いでした。

エチオピア料理といえば「インジェラ」です。グレー色のクレープにひき肉のカレーや野菜を載せて食べる料理。控えめに言って雑巾のような見た目の食べ物です。酸味のきいたクレープは独特で、そっと具だけ取り出し、クレープ部分は放置して具だけを食べました。

その後、エチオピアにはまともなご飯屋さんがないことに気がつきます。マクドナルドもありません。気が滅入るほど高くてまずいサンドイッチ屋さんを出た僕はエチオピアの滞在中、ご飯抜きを選択しました。空腹を抱えてホテルに帰っても、部屋には蚊がいます。刺されたら病気になりそうで怖い。不満と不安しかありませんでした。ただ、もちろんエチオピアにも素敵な面はあります。少なくともひとつあります。それは、コーヒー。市内のいろいろなところにコーヒー屋さんがあって、お店の空間は意外に洗練されているものも有りました。マキアートに砂糖をドバドバいれて飲むのがエチオピアスタイルのようでした。

ホテルのWi‐Fiでマップをチャージすると、今回の目的地、メルカートへ足を運びました。メルカート（フランス語でマーケット）という地区は、西アフリカ最大のマーケットと言われている場所です。靴磨き屋さん、果物や日用品を売っている店、エンジンのような機械を売っている店が雑多に並び、マーケットというより、ジャンク市と言った方がふさわしい雰囲気。近づくにつれて、空気がやばいなと感じ始めます。カメラをバッグから取り出すと、通行人がみなカメラをちらっと見てきます。狙われている恐怖で汗がタラタラでてきます。わざわざこんな危険な場所にきたのに、段ボールは一向に見つかりません。不安と戦いながらマーケットを1時間ほど歩き、段ボールが見つからないままトラムの地上駅に入りました。

セキュリティーのしっかりしているホームはテレビゲームの安全地帯のようでした。ここにいれば攻撃を受けることはありません。その時、1台の車が目の前を通りました。その瞬間、僕は躊躇せずホームを飛び出し夢中でその車を追いかけました。運良く渋滞ではまっていたその車を発見し、シャッターを押しました。その車には、エチオピア語の書かれた段ボールが積まれていたのです。希望を感じました。この国に、僕が探し求めるエチオピア語の段ボールはあるのです。

翌日、ホームセンターへ行ったりして地道に段ボールを探した結果、ようやくエチオピア語の段ボールを発見しました。中にはキャンドルが入っています。軒先に置かれていたのですが、その持ち主にこの段ボールがほしいとお願いすると快く譲ってくれました。最貧国、エチオピアに来て感じたことは、段ボールが贅沢品であるということです。

結局、段ボールはこの滞在で4箱しか目撃しませんでした。プラスチックの箱や麻袋、木箱は繰り返し使えます。しかし段ボールは違います。多くは行った先で消費されてしまい、手元に残りません。リサイクルが確立されていない国では、段ボールを生産したコストはそのまま失われてしまうのです。損をするのは農家や生産者ということになります。だから生産者レベルから段ボールを使わず、結果的に売る人も段ボールと接することはない。日本でたくさんの段ボールを見るのは、それだけ豊かであるということなのかもしれません。

エチオピアでは農業が盛んですが、その約半分がコーヒーの生産、野菜や果物は10%ほどで、そのすべては外貨獲得のための輸出を中心としています。そのため仮に段ボールが使われても生産地からパッキングされ、そのまま海外へ行くことになります。国内で出回っている農作物はフルーツや穀物がほとんどで、その多くは麻袋が使われています。段ボールは高級品。その事情はフィリピンのバナナと似ているかもしれません。アフリカの最後の旅に手に入ったのは、他の2カ国とくらべると華やかさはない地味な段ボールでした。でも、二度と行けないかもしれない国です。だからこの段ボールはとても大切なものなのです。

人混みの中でエチオピア語の段ボールが見え、危険を顧みず夢中で走ったあの日。あらためて、段ボールのためなら何でも出来ると思いました。そしてこれからも、段ボールのために、何でもやっていくのだと思います。

ETHIOPIA

エチオピア

アフリカ3カ国ツアーの最終目的地。
この国を選んだのは
独特の言語アムハラ語の
段ボールを求めるためだった。

ADDIS ABABA

アディスアベバ

首都アディスアベバは中国が建設したトラムが街を縦断している。一見都市のようだが、ビルはさほどなく、街は小さい。アディスアベバとはアムハラ語で「新しい花」を意味する。

7/5 - 7/7 2018

エチオピアといえばコーヒーで有名。TOMOKA COFFEE はエチオピアでも一番人気のあるコーヒーショップで実は日本にも進出している。マキアートのコクが深く砂糖を入れるととても美味しい

トラムに乗るためにはチケットを買う必要がある。プレハブのような掘っ建て小屋にシャッターが閉まっていて僅かな隙間からチケットの売買を行う。悪いことをしている気分だ。

車に積まれた段ボールに一目散に駆け出す。荷台には確かにアムハラ語の書かれた段ボールが積まれていた。

エチオピアで段ボールが少ない理由のひとつは、麻袋を使っている点だ。段ボールはもしかしたら高価なアイテムなのかもしれないとエチオピアの旅を機に考えるようになった。

スーパーへ行くとここでもアムハラ語の段ボールを目撃。店員さんに頼んだがくれなかった。しかし希望が徐々に湧いてきた。

エチオピアで唯一拾うことに成功したアムハラ語の書かれた段ボールは“OK CANDOLLES”というろうそくの段ボールだった。おじさんにどうしてもほしいことを伝えると快くもらえた。シンプルだがエチオピアに行く機会が今後ないと思うと貴重な一箱だ。

長い旅のおわりに

Afterword

段ボールを求めて世界を旅している中で、途上国と呼ばれる国も先進国と呼ばれる国も、同じように僕に学びをくれました。タイで見かけた、アルミ缶で作られたトゥクトゥクのおもちゃ。フィリピンでは、バスは米軍の投棄したジープから作られ、街中は廃タイヤで作った花壇で飾られていました。鉄道や車は見た目がボロボロでも使い続けられていました。インドのチャイの土器で出来たコップや葉っぱのお皿、これらは土に還すことを考えて使われているものです。こうした国はそもそもリサイクルの仕組みや処理方法が確立されていません。それを支えるのは資源を集めて換金することで生活しているような人々です。彼らはこれをアップサイクルだから、とか、地球のために、と考えているわけではなく、まして何かを表現するアートとしてやっているわけでもありません。

彼らがやっているのは、真剣に生きることそのもの。必然的に、「すでにあるもの」を生かしていく「ものを大切に使う」という精神があります。その結果としていろんなものの寿命を延ばしたり、新しい命を吹き込んだりしている。言わば、偶然のアップサイクルです。僕はそこに、とても美しいものがあると感じています。日本もかつてはそうした工夫で溢れていたと聞きます。実はこういう工夫をする、ものを大切に使う、ということはものが簡単に手に入るほどむずかしくなっていくことなのかもしれません。

環境先進国に学ぶことも当然ながら多くあります。僕にとっては辛いことですが、オーストラリアのように各店舗に段ボールプレス機を置くことは理にかなっているのかもしれません。しかし、僕が環境先進国からの重要な学びだと思うのは、どんなにリサイクルを進めても限界がある、ということです。段ボールはそのほとんどがリサイクルされています。家庭でも企業でも分別は熱心になされ、古紙回収・製紙・段ボールの業界がリサイクル率の向上に努めています。しかしその段ボールでさえ、再び段ボールに生まれ変わるためのエネルギーもコストもゼロではありません。新しいパルプが必要なこともあります。そしてパルプの原料となる木の多くはインドネシアなど途上国の森林に依存していると言われています。資源回収にもエネルギーは使われます。特に日本は分別が細かいので、収集車が週に何回も稼動することになります。アメリカやヨーロッパでは週に1回で、分別も不燃と可燃程度のシンプルなケースが多いようですが、それでも車を使うことには変わりありません。どんなにリサイクルを突き詰めたとしても、やはり足りないものがある。それもひとつの学びではないか。僕は環境についてものを考えるとき、リサイクルだけではなく、新しいものにシフトするのでもなく、「捨てない」という選択肢をもっと選ぶことができたらな、と思います。

捨てる前に次のその使い道を考えてみる。アイデアがあれば、捨てようと思ったものがたからものに見えてくるかもしれない。そんなことを伝えていければと思っています。僕はもともと段ボールが好きで活動を始めたのですが、今は海外でもらうビニール袋ですら、捨てる前に取って置くことを考えるようになりました。

上海で開かれたPlay! no, waste!（捨てないで遊ぼう）という環境イベントに招待されたことがあります。お客さんも主催する人も、多くはアメリカから留学帰りの知性と希望に溢れた若者たちでした。中国は経済の急速な発展に環境対策が追いついていません。だからこそ、デザインやアートの力、クリエイティビティが必要だと気づきはじめた若者たちが中国にはたくさんいるようでした。不要なものが生まれたとき、それをどう扱うか。その使い道を考える力、見極める力がこの先必要になります。極力、捨てる前に「何か他の使い道を考えてみる」というきっかけを、この活動を通じて与えることが出来たらと思っています。

ものを愛すると生まれるもの

- 長く使うことで生まれる傷や汚れを魅力と捉えられる
- ものと自分との間に良い関係を作る
- 愛せるものを使うことが、日常をちょっと楽しくする

ほうきやゴミ袋など、海外ではなるべく日用品を買うようにしています。わざわざ海外で買う必要はないものばかりで、ほうきに至っては飛行機に持ち込むのに代金の20倍の別料金が掛かりました。なぜそこまでするのか、というと日本に持ち帰っていざ使うと、思い出がよみがえってくるからです。あの時買ったものだから大切に使おうと、心は異国の地へ飛んでいきます。あの場所にはもう二度と行けないかもしれない、遠く離れた距離が、ものの価値を生み出します。相棒のキャリーケースは、使うたびに汚れや傷がつき、表面にはシールが増えていきます。使った形跡が蓄積していくことは、自分が生きて、この道具と旅をしたことの証です。ものを使うということはそれだけあなたとものとの物語が生まれていくこと

でもあります。身の回りのものを愛するもので囲まれていきたい。物語を持つもので満たされたい。手に入れるときの物語が、そのものを大切なものにする第一歩です。愛せるプロダクトと暮らすことは日常を少し楽しくさせます。

段ボールに関わる活動を始める前は段ボールが街に転がっていてもなんとも思いませんでした。しかし、この活動を始めてから街を見る目が変わりました。何気ない軒先でもいい段ボールを発見するとテンションがあがります。まるで毎日、たから探しをしているような楽しみがあります。これもものを好きになることで生まれる幸福なんじゃないかと思います。身もふたもないことを言えば、愛こそが、先に言った「捨てない」という精神の鍵だと思います。些細なものでも、いい関係を築ければ、捨てることを減らせるのだと考えています。

道を歩けば段ボールはどこにでもあります。竹林のそばに住む人が竹細工を作るように、都市に住む人が段ボールでできることはまだあるはずです。紙という観点で考えれば、段ボールもまた自然素材なのです。ワークショップを通じてさまざまな国の人と段ボール財布を作りました。どこの国でもリアクションは同じです。段ボールは世界のどこでも身近な存在なのです。自分のアイテムになる段ボールを選ぶ瞬間から、段ボールがゴミではなくなる。段ボールとの関係が変わるのです。人が段ボールに目を輝かせる瞬間を見るのが僕はとても好きです。これからも、その輝きのためにがんばっていこうと思います。

最後まで読んでくれたみなさん。僕はあなたの段ボールの見方を変えることはできたでしょうか。そうだとしたらこの上もない喜びです。でも、段ボールをこんなに愛している人間がいると知ってもらえるだけでも嬉しいです。段ボールじゃなくてもいいので、何かひとつ、身の回りのものを愛してもらえればと思います。できれば、世界中にあるものに注目してみてください。そうすればこの世界はきっと、とても楽しい場所になりますから。

この本を通じてこれまでの旅、活動を見直すきっかけをくださった柏書房の井上博史さん、編集作業を手伝ってくださった古巣の先輩・三島邦彦さん、常に僕を支えてくれた、映画『旅するダンボール』のプロデューサーでもあるピクチャーズデプトの汐巻裕子さん、本でも映画でも素敵なグラフィックデザインを仕上げてくれたatmosphereの川村哲司さん、オクサダデザインの奥定泰之さん、快くインタビューに答えてくださったヤマト運輸の齊藤泰裕さんとヤマト包装技術研究所の石川果菜さん、僕の活動の意義を見出し応援してくれた、エースホテルのライアン・バクスティンさん、本当にありがとうございました。またひとつ、たからものができました。

２０１８年12月　　島津冬樹

島津冬樹　しまづふゆき

1987年、神奈川県生まれ。2012年多摩美術大学情報デザイン学科卒業。2015年、広告代理店を経てアーティストへ。「不要なものから大切なものへ」をコンセプトに、2009年より路上や店先で放置されている段ボールから、財布を作るプロジェクトCartonをスタート。日本のみならず、世界30ヵ国を周り、段ボールを集めては財布を作ったり、コレクションしている。国内外での展示やワークショップも多数開催している。2018年、活動を追ったドキュメンタリー映画『旅するダンボール』が公開。

段《だん》ボールはたからもの
偶然《ぐうぜん》のアップサイクル

2018年12月20日　第1刷発行

文と絵	島津冬樹
発行者	富澤凡子
発行所	柏書房株式会社
	東京都文京区本郷2-15-13（〒113-0033）
	☎(03) 3830-1891［営業］
	☎(03) 3830-1894［編集］

装　丁	atmosphere ltd.（川村哲司）
DTP	株式会社オクサダデザイン（奥定泰之）
編集協力	株式会社ピクチャーズデプト（汐巻裕子）
印刷・製本	中央精版印刷株式会社

ISBN978-4-7601-5073-1